BOTÁNICA AMBIENTAL APLICADA

Las plantas y el equilibrio ecológico de nuestra tierra

CIENCIAS BIOLÓGICAS

Director de la Colección:
RAFAEL JORDANA BUTTICAZ
Catedrático de Biología Animal y Zoología Aplicada
Profesor Ordinario de la Universidad de Navarra

Primera edición: 1996
Segunda edición: 1997

ISBN: 84-313-1417-6
Depósito Legal: NA 1.196-1997

Imprime: Line Grafic, S.A. Hnos. Noáin, s/n. Ansoáin (Navarra)
Printed in Spain - Impreso en España

Ediciones Universidad de Navarra, S.A. (EUNSA)
Plaza de los Sauces, 1 y 2. 31010 Barañáin (Navarra) - España
Teléfono: 34 (9)48 25 68 50 - Fax: 34 (9)48 25 68 54

ECF Papel Ecológico

ALICIA EDERRA INDURÁIN

BOTÁNICA AMBIENTAL APLICADA

Las plantas y el equilibrio ecológico de nuestra tierra

Edición experimental

Segunda edición

EUNSA
30 ANIVERSARIO
1967-1997
EDICIONES UNIVERSIDAD DE NAVARRA, S.A.
PAMPLONA

... se preguntó Alicia, intentando
imaginarse qué le pasaba a la llama
de una vela cuando se apaga de un soplo ...

Lewis Carroll
Alicia en el País de las Maravillas

ÍNDICE

TEMA 1
LOS VEGETALES COMO BIOINDICADORES DE LA CALIDAD DE LOS ECOSISTEMAS. MÉTODOS DE ESTUDIO

TEMA 2
LAS ALGAS Y LOS ECOSISTEMAS ACUÁTICOS. ALGAS MARINAS BIOINDICADORAS. ALGAS DE AGUA DULCE Y SU RELACIÓN CON FACTORES FISICO-QUÍMICOS Y BIOLÓGICOS. ÍNDICES BIÓTICOS

TEMA 3
LOS LÍQUENES COMO INDICADORES DE LA CONTAMINACIÓN ATMOSFÉRICA

TEMA 4
ESPECIES VASCULARES BIOINDICADORAS

TEMA 5
COMUNIDADES VEGETALES. SUCESIÓN PROGRESIVA Y REGRESIVA. CAUSAS DE DETERIORO

TEMA 6
MÉTODOS DE ANÁLISIS Y VALORACIÓN DE LAS COMUNIDADES VEGETALES Y SU UTILIDAD

TEMA 7
TÉCNICAS EMPLEADAS PARA LA RECUPERACIÓN DE MEDIOS ALTERADOS:CULTIVOS, REPOBLACIONES, HIDROSIEMBRAS

TEMA 1. LOS VEGETALES COMO BIOINDICADORES DE LA CALIDAD DE LOS ECOSISTEMAS. MÉTODOS DE ESTUDIO

INTRODUCCIÓN

Por qué los vegetales pueden ser indicadores

Miramos a nuestro alrededor y vemos, junto a muchos otros seres vivos u objetos inertes, plantas. Si observamos con un poco de atención seremos capaces de descubrir que las plantas no están sobre la tierra como distribuidas al azar, sino que realmente su presencia parece seguir ciertas normas. Así, vemos que en los montes muy altos ya no suele haber árboles en cotas elevadas, que en los muros de las ciudades suelen vivir ciertas flores, o que las algas están casi siempre sumergidas en agua. Y es que, efectivamente, en la Naturaleza cada cosa está en su sitio; en nuestro caso cada planta está donde debe estar: hay un orden en la Naturaleza.

Las plantas tienen una serie de características que son muy interesantes para poder interpretar este orden y que han de tenerse en cuenta para poder comprender la importancia de los vegetales como indicadores de la calidad de los ecosistemas, entendiendo el término «calidad» como medida del orden o desorden de los ecosistemas. Vamos a comentar algunas de estas características y las consecuencias que pueden derivarse de ellas.

A) A nivel de especie-individuo de especie

Las plantas, como seres vivos, necesitan unas ciertas condiciones para su supervivencia. Por tanto, vivirán allí donde se den esas condiciones. Como las diferentes especies vegetales requieren diferentes condiciones, unas plantas podrán vivir en unos lugares y otras en otros. En principio, en función de las condiciones del medio, la cubierta vegetal estará formada por unas especies u otras. A la inversa, una especie no podrá vivir allá donde no se den las condiciones que requiere por mucho que nos empeñemos en que se desarrolle.

La mayoría de los vegetales son inmóviles, lo que quiere decir que deben satisfacer sus requerimientos «in situ»: allí donde viven deben obtener las materias primas para su sustento, además de tener las condiciones físico-químicas adecuadas. Es decir, los vegetales han de tener a su disposición no sólo H_2O, CO_2, sales minerales, O_2, energía luminosa y todos aquellos elementos necesarios para su metabolismo, sino que también han de tener ciertas condiciones de iluminación, temperatura, humedad, pH, salinidad del suelo, etc. Respecto a los vegetales móviles, como podrían ser por ejemplo las algas planctónicas, hay que entender que sus movimientos pueden ser muy grandes a nivel microscópico, pero a nivel macroscópico la distancia que puede recorrer cada individuo es muy pequeña. Por ello, aunque pueden moverse para elegir mejor su medio, realmente, una vez lo encuentran, su deambular debe ser poco intenso por innecesario. Es decir, a nivel macroscópico o desde el punto de vista humano, es como si fueran inmóviles, en el sentido de que allí donde están es porque se dan las condiciones adecuadas para su vida.

De todo lo dicho se deduce que las plantas, con su simple presencia en un lugar, reflejan las condiciones de ese lugar. Por tanto, si se conocen los requerimientos de las especies vegetales, es decir, su autoecología, la presencia de cada especie será indicadora de las condiciones del medio en el que está. La mayoría de los vegetales pueden ser calificados con numerosos adjetivos según sus apetencias ecológicas (acidófilo, basófilo, hidrófilo, xerófilo, esciófilo, fotófilo, etc.); por ello, cada vez que se identifica una planta se está de alguna manera indicando, del lugar donde se encuentra, todos los adjetivos aplicables a la especie identificada.

Dado que las plantas están donde deben y además son inmóviles, podría pensarse en la inutilidad o imposibilidad de emplearlas para mejorar la calidad ambiental —el orden de los ecosistemas—. Afortunadamente, el hombre puede trasladar plantas e introducirlas en puntos de la tierra donde antes no estaban; puede, hasta cierto punto y si es interesante o necesario, modificar el ambiente, para que las especies se puedan asentar en espacios nuevos. Es decir, el hombre puede intervenir para «mover» los vegetales.

Hay plantas que pueden vivir normalmente en amplios intervalos respecto a los valores de uno o varios de los factores ambientales. Por ejemplo, especies que pueden vivir en suelos cuyo pH varíe entre 4,5 y 8, o que soportan tanto niveles de iluminación elevados como ambientes sombríos. Por el contrario, las especies pueden ser muy restrictivas respecto a uno o varios caracteres del medio. Por ejemplo, las que sólo pueden vivir en suelos con pH entre 4,3 y 4,8, o las que sólo pueden desarrollarse a plena luz. Las primeras, aquellas que soportan amplios rangos de variación, se denominan eurioicas y las segundas, estenoicas.

Naturalmente, una misma especie puede ser eurioica con respecto a uno o varios caracteres y estenoica respecto a otros. En general, las especies estenoicas indican de forma más precisa las cualidades del medio, pero esto no quiere decir que sean las únicas válidas, ni siquiera que sean los mejores indicadores en según qué aspectos del medio se quiera investigar. Por otra parte, hay que tener en cuenta que, si bien la presencia de una especie indica las condiciones del medio, su ausencia no indica, en principio, que sus condiciones no se cumplan. La ausencia de una especie de un lugar concreto puede deberse a muchas causas diferentes y no sólo a las condiciones concretas del medio.

B) A nivel de comunidad-conjunto de especies que conviven

Cuando un ser cualquiera ocupa un espacio físico, ningún otro ser puede ocuparlo al mismo tiempo. Es decir, el nicho ecológico ocupado por un individuo le pertenece a él y no puede corresponder a otro. Cualquier otro individuo de la misma o de diferente especie estará a su derecha, izquierda, alrededor, sobre, o dentro de sus cavidades si las tiene, pero nunca en su mismo lugar. Cuando varias especies vegetales coinciden en sus necesidades y encuentran soluciones en una misma zona, dado que no pueden ocupar el mismo espacio, se establecen entre ellas relaciones de competencia hasta que, o bien se eliminan unas a otras, o bien se reparten la zona, pasando entonces a vivir en sociedad, formando comunidades.

Además, cuando las especies viven en comunidad se especializan, de tal manera que se adaptan a explotar o utilizar preferentemente sólo unos aspectos del medio y no todos o en toda la amplitud en que les sería posible si estuvieran aisladas, pues comparten el medio con otras especies y llegan a un equilibrio.

Como consecuencia, ya no sólo las plantas a nivel específico, sino como comunidades, reflejan las condiciones del medio en conjunto. Aparecen además otro tipo de parámetros, aquellos que miden de alguna forma la situación del equilibrio al que han llegado las plantas para formar la comunidad, como son la presencia-ausencia, abundancia, dominancia, estado fenológico, etc., de cada una de las especies. Todos estos aspectos, igual que los caracteres autoecológicos, pueden reflejar el estado de salud de la comunidad considerada.

C) A nivel de serie de vegetación-conjunto de comunidades

En función de las macrocaracterísticas del medio, o sea de sus cualidades geográficas, climáticas, geológicas, topográficas, históricas, resulta que cada espacio que tenga esas características uniformes o constantes sólo puede albergar un tipo de comunidad vegetal clímax. Esto sería la vegetación potencial de esa zona, es decir, aquella que representa el máximo de desarrollo y complejidad que podría alcanzar la vegetación en ese lugar en función de sus macrocaracterísticas.

Ahora bien, cuando un espacio está sometido a cualquier tipo de presión externa, bien por sus propias condiciones, bien por las actividades del hombre, a veces es imposible que se desarrollen de verdad las comunidades clímax y lo que se pueden encontrar son etapas seriales, que estarán más o menos próximas a la etapa clímax en función, generalmente, de la intensidad de la presión que soportan. Aunque las etapas seriales sean comunidades no clímax, siempre son indicativas de cuál podría ser la vegetación clímax si las presiones externas no existieran. En un espacio concreto de características uniformes, el conjunto de la comunidad clímax y de todas aquellas otras comunidades que la sustituyen o podrían sustituirla, en función de las presiones ejercidas, forma lo que se ha denominado «serie de vegetación».

Al mirar las comunidades vegetales bajo esta perspectiva, en realidad, lo que queremos hacer notar es que la vegetación no es, en la mayoría de los casos, inmutable, sino que tiende a cambiar a lo largo del tiempo según los estímulos o presiones de todo tipo que reciba, aproximándose o alejándose del nivel climácico en función de que la evolución provocada por tales estímulos sea progresiva o regresiva.

Saber reconocer qué tipo de vegetación está establecida en un lugar en sustitución de la clímax es, a menudo, indicativo del tipo de presión a la que está sometido tal lugar. Y no sólo eso, sino que probablemente sería la base para determinar posibles actuaciones para favorecer el desarrollo de la vegetación clímax, si es que interesa.

D) Integrando el tiempo

A todo lo dicho hasta el momento hay que sumar un valor añadido típico de los seres vivos y por tanto de las plantas. Este valor consiste en que las plantas, por permanecer en el mismo lugar durante un tiempo más o menos prolongado, responden no a unas condiciones puntuales y momentáneas, quizá pasajeras, sino a las condiciones propias estándar del lugar donde viven a lo largo del tiempo. Integran en sí mismas la información múltiple y variada de su entorno a lo largo del tiempo.

En resumen, los vegetales pueden ser indicadores de las condiciones de su entorno a tres niveles: a nivel de especie-individuo de especie; a nivel de comunidad-conjunto de especies que conviven y a nivel de serie de vegetación-conjunto de comunidades; y esto como seres acumuladores de información a lo largo del tiempo.

De todas las características de las plantas que hemos mencionado se deriva que, teóricamente, puedan ser utilizadas como indicadoras de diversos aspectos de los ecosistemas. Su utilidad es tanto para el diagnóstico del ecosistema como para su conservación o, en su caso, para su recuperación. Por ejemplo, las algas dulceacuícolas indican de forma bastante precisa la calidad de las aguas en que viven; las especies vasculares de un campo abandonado indican qué tipo de comunidad clímax podría llegar a instalarse, porqué no se ha instalado y cómo o qué podría hacerse para favorecer su instalación si es que interesa.

Naturalmente, los distintos grupos vegetales han demostrado ser más adecuados para unos aspectos que para otros. Reseñamos en la Tabla 1.1 algunas de las formas de utilización que se van dando a los grupos vegetales.

Grupo vegetal	**Utilización**
Algas marinas	Detección de contaminación. Temperatura dominante del agua.
Algas dulceacuícolas	Detección de contaminación orgánica. Indicadoras de algunos aspectos de calidad del agua: nivel de eutrofización, salinidad, alcalinidad, etc. Depuración de aguas residuales.
Hongos y micorrizas	Indicadores de contaminación del suelo por metales pesados y elementos radiactivos. Potenciadores de la recuperación económica y ecológica de espacios degradados.
Líquenes	Indicadores de ambientes puros, estables y no contaminados. Indicadores de contaminación atmosférica, sobre todo por SO_2.
Briófitos	Indicadores de contaminación atmosférica, especialmente por metales pesados. Indicadores de contaminación orgánica del agua. Indicadores de la presencia de ciertos elementos metálicos en el sustrato. Indicadores de la calidad global de ambientes terrestres. Indicadores de espacios alterados.
Plantas vasculares	Indicadoras de muchas características del medio: metales en suelo, acidez en suelo y lluvia, climatología a lo largo del tiempo, etc. Condiciones del entorno: intervención humana, presión ganadera, accidentes, etc. Recuperación de espacios alterados Atenuación del impacto ambiental de muchas obras del hombre.

Tabla 1.1: *Algunas de las aplicaciones ambientales que se han dado o están dando a los vegetales*

Aun hay otras posibilidades para calificar a los vegetales, por ejemplo aquellas que hacen alusión a su distribución en el mundo: cosmopolita, eurosiberiana, alpina, endémica, etc., o las que se refieren a su grado de expresión como población: abundante, frecuente, rara, etc.

De algunos de estos calificativos se puede deducir el estatus de algunas especies como amenazadas, en peligro de extinción, incluso extintas. Estos aspectos de la flora son, o deberían ser, utilizados en la gestión ambiental para la ordenación de territorios protegidos o a conservar.

BIOINDICADORES O INDICADORES BIOLÓGICOS

Definición y características

La primera definición que podría hacerse del término «bioindicador» se deriva directamente de su etimología: un bioindicador es un ser vivo que indica las condiciones del medio en que vive. Otra definición, algo más precisa, podría ser: bioindicadores son aquellos organismos o comunidades en los que su existencia, sus características estructurales, su funcionamiento y sus reacciones dependen del medio en que se desarrollan y cambian al modificarse las condiciones ambientales.

Los bioindicadores son pues sensibles a los cambios ambientales y reaccionan a ellos como si fueran estímulos específicos. Los estímulos absorbidos provocan respuestas en los bioindicadores que dan información tanto acerca de los cambios ocurridos como, en ocasiones, del nivel de intensidad del cambio ambiental. Por ejemplo, una planta de tipo «árbol caducifolio» ante el estímulo «contaminación atmosférica», reacciona, de tal forma que sus hojas comienzan a presentar síntomas de clorosis; los síntomas serán más intensos cuanto más intenso sea el estímulo o, lo que es lo mismo, las zonas cloróticas serán más extensas cuanto más elevada sea la contaminación, hasta producirse necrosis, muerte y caída de las hojas.

La capacidad de respuesta de los bioindicadores depende de muchos factores. Por ejemplo:

— De la composición genética del organismo, porque puede favorecer o no la adaptación a los cambios y por tanto la manifestación de respuestas fácil y rápidamente visibles.

— De su estado de desarrollo, pues hay etapas en el ciclo vital que son más influenciables; por ejemplo, los individuos juveniles suelen ser más sensibles, mientras que los adultos suelen ser más resistentes.

— De las propias condiciones ambientales, porque los estímulos pueden ser infinitamente variados y sus efectos no siempre son aditivos, sino que puede haber sinergismos o efectos potenciadores de unas condiciones frente a otras.

A tenor de las definiciones dadas, se puede deducir que, puesto que todos los seres vivos responden a los factores ambientales, todos ellos son bioindicadores y desde luego, en sentido amplio, lo son. Lo que ocurre es que unos son mejores o más útiles que otros, bien porque respondan mejor, o porque las respuestas sean a hechos más interesantes.

Tipos de bioindicadores

Los bioindicadores pueden clasificarse en distintos tipos atendiendo a diferentes criterios. El más sencillo consiste en atender al grado de sensibilidad que muestran frente a los estímulos ambientales; así, se puede diferenciar especies muy sensibles, sensibles, poco sensibles o resistentes.

Otro criterio que puede utilizarse es la forma de respuesta a los estímulos; según este criterio se puede hablar de:

— **Detectores**: bioindicadores que viven naturalmente en un área y que, simplemente, muestran respuestas tales como cambios de vitalidad, mortalidad, capacidad reproductora, abundancia, etc., ante los cambios ambientales que se produzcan en su entorno. Por ejemplo, los musgos epífitos que viven en las ciudades se vuelven estériles o se atenúa mucho su capacidad reproductora por causa de la contaminación atmosférica.

— **Explotadores**: bioindicadores cuya presencia indica la probabilidad elevada de que exista una perturbación. Con frecuencia son organismos que, de forma más o menos repentina, se hacen muy abundantes en un lugar, casi siempre debido a falta de competidores, que han sido previamente eliminados por la perturbación. Por ejemplo, la abundancia de ciertas cianobacterias indica que las aguas están eutrofizadas; la abundancia de ortigas indica que hay acúmulos de materiales ricos en nitratos en ese lugar.

— **Centinelas**: bioindicadores sensibles o muy sensibles, que se introducen artificialmente en un medio y funcionan como alarmas, porque detectan rápidamente los cambios. Se utilizan fundamentalmente para detectar contaminantes.

— **Acumuladores**: Bioindicadores que por lo general son resistentes a ciertos compuestos, por ser capaces de absorberlos y acumularlos en cantidades medibles. Por ejemplo, ciertos briófitos acumulan metales pesados en cantidades apreciables; el ray-grass es resistente a los metales pesados.

— **Organismos test o bioensayo**: Bioindicadores que se utilizan en el laboratorio a modo de reactivos para detectar la presencia y/o la concentración de contaminantes. Son siempre bioindicadores sensibles, tanto plantas como bacterias y, en algunos casos, ratas y ratones. Además de ser usados para detectar contaminantes y su concentración también se suelen utilizar para establecer listas de contaminantes en orden de toxicidad.

Por otra parte, atendiendo al criterio de posibilidad de cuantificar la respuesta, los bioindicadores pueden ser:

— **Bioindicadores en sentido estricto**: son aquellos que con su presencia o ausencia y abundancia indican los efectos de un factor ambiental de forma cualitativa; pueden ser tanto positivos, por su presencia y/o abundancia, como negativos, por su ausencia. Como ejemplo de bioindicadores positivos se pueden citar a aquellas plantas que sólo viven en lugares donde hay ciertos metales como Pb, Cu o Au, ya que con su presencia indicarán la existencia de esos metales en el sustrato. Como ejemplo típico de bioindicadores negativos podemos recordar a los líquenes, que por ser muy sensibles a los contaminantes de la atmósfera urbana suelen desaparecer de las ciudades.

— **Biomonitores**: son especies que indican la presencia de contaminantes o perturbaciones no sólo de forma cualitativa, sino también de forma cuantitativa, porque sus reacciones son de alguna manera proporcionales al grado de contaminación o perturbación. Las especies pueden ser biomonitores bien porque reaccionen de una forma determinada y medible, es decir, por sus reacciones manifiestas, o bien porque acumulen los contaminantes y lleguen a tenerlos en cantidades medibles, es decir, por acumulación; los biomonitores, por otra parte, pueden ser a su vez pasivos, si son naturales en la zona que se esté considerando, o activos, si son introducidos por el hombre mediante transplantes. Por ejemplo, algunos briófitos, como ya hemos dicho anteriormente, tienen capacidad para acumular metales pesados; en su hábitat típico serían biomonitores acumuladores pasivos, pero si se transplantan a lugares donde se sospecha la presencia de metales pesados, los briófitos los irán acumulando y se podrán medir las cantidades acumuladas, en cuyo caso serían biomonitores acumuladores activos.

La Tabla 1.2 recoge de forma esquemática todos estos tipos de bioindicadores.

Algunas precauciones

Cuando se habla de bioindicadores en sentido amplio, siempre hay que tener ciertas precauciones. Por ejemplo, hay que tener siempre en cuenta que los bioindicadores lo son en principio a nivel local, pues sus requisitos pueden ser diferentes en distintos puntos geográficos; este es el caso de algunas plantas, que son calcícolas en zonas lluviosas y, sin embargo, en zonas más secas, son indiferentes, o de aquellas que tienen o pueden tener razas resistentes a diversos factores ambientales según las zonas del mundo en que se encuentren. Por otra parte, hay muy pocas especies que sean cosmopolitas, es decir, que su área de distribución cubra toda la superficie de la tierra, por esto puede ocurrir que los

Criterio	**Tipos de bioindicadores**
Grado de sensibilidad	Muy sensibles Sensibles Poco sensibles Resistentes
Forma de respuesta	Detectores Explotadores Centinelas Acumuladores Organismos test o bioensayo
Posibilidad de medida	Bioindicadores en sentido estricto Biomonitores: Por reacciones manifiestas / Por acumulación — Pasivos (naturales) / Activos (transplantes)

Tabla 1.2: *Resumen de los tipos de bioindicadores*

datos acerca de bioindicadores que se conozcan de un lugar del mundo no sean utilizables en otros, simplemente porque esas especies bioindicadoras no vivan allí. Por tanto, sería necesario tener estudios básicos o estudios piloto para establecer qué especies son las más adecuadas como bioindicadoras, así como una idea aproximada previa de cuál sería la extensión de la zona en que esas especies podrían ser útiles como bioindicadoras. La extensión de las zonas de utilidad debería considerarse en función de las divisiones biogeográficas o corológicas, ya que éstas están basadas en parte en las áreas de distribución de las especies. Por lo que se refiere a Navarra y en relación con las plantas, las zonas podrían ser las siguientes: atlántica, pirenaica, prepirenaica, riojano-estellesa y bardenera.

También hay que tener precaución con los indicadores negativos, o sea por ausencias, pues los motivos por los que una especie no está en un lugar pueden ser muy variados, incluso múltiples y no únicos y no sólo debidos a que le esté afectando alguna perturbación. Por ejemplo, puede ocurrir que las condiciones del medio no sean adecuadas (sería inútil buscar especies basófilas en medios ácidos); o que las condiciones del medio sí sean adecuadas, pero que la especie no viva en ese lugar por razones biogeográficas o históricas (en los hayedos de Navarra podría vivir el haya del hemisferio sur, gen. *Nothofagus*, pero no vive, porque Navarra no está en el hemisferio sur, que es donde se distribuye *Nothofagus*); también puede ocurrir que las condiciones y el área de distribución sean adecuadas, pero que haya habido competencia muy fuerte entre especies que haya hecho que alguna se vea excluida; o bien que los individuos de la especie estén realmente en un lugar, pero sean tan pocos, tan pequeños o tan inconspícuos que no se distingan (error de muestreo) o no se localicen porque los métodos de muestreo hayan sido inadecuados (falla el diseño de muestreo); o, efectivamente, puede ser que la especie sí estuviera antes allí y haya desaparecido a causa de la contaminación o los cambios ambientales. Y, generalmente, es imposible decir qué causa ha sido la decisiva, aunque hay excepciones. Por ejemplo, si se han hecho pruebas mediante transplantes y se ha visto la causa de la desaparición o si se ha observado la desaparición de especies en un área a lo largo de un periodo de tiempo relativamente corto, como el caso de la desaparición de los líquenes en las ciudades (en este caso está claro que el motivo de la desaparición es el factor «ciudad», con lo que conlleva el medio urbano).

Así mismo, hay que mirar con precaución los cambios en abundancia. Por ejemplo, un aumento grande de la abundancia de una especie puede tenerse en cuenta si ya previamente se sabe que esa especie depende de un cierto factor. Por ejemplo, una repentina abundancia de ortigas en un lugar, quiere decir que allí se han producido acúmulos de nitratos, pues la ortiga es una planta nitrófila. Sin embargo, las disminuciones en la abundancia hay que tratarlas con cuidado, pues pueden deberse a competencia, cambios cíclicos estacionales, cambios genéticos poblacionales, etc., sin que la disminución observada tenga que ver en realidad con la influencia de la contaminación o del factor ambiental que estemos estudiando.

Requisitos que deben cumplir los bioindicadores

Las especies bioindicadoras en sentido amplio deben cumplir los siguientes requisitos o, al menos, sería bueno que los cumplieran, sobre todo aquellos que son detectores, explotadores o acumuladores:

- Dar respuestas de interés para el ecosistema que se esté estudiando y que las respuestas sean relativamente fáciles de observar y/o medir.
- Tener límites de tolerancia estrechos respecto a variables ambientales, es decir, ser estenoicos y no eurioicos.
- Dar respuestas diferentes ante estímulos diferentes.
- Sólo deben tener como fuente de aquello que se desea estudiar lo que proceda del foco de perturbación.
- Deberían ser sedentarios o tener una capacidad de dispersión limitada.
- Ser fáciles de muestrear. En este aspecto, si las especies son raras no son fáciles de muestrear, por tanto, en este caso, ser común sería una ventaja. Por otra parte, deben estar presentes en cantidad suficiente como para no alterar, o incluso destruir la población, en el caso de que se tengan que hacer muestreos sucesivos.
- Deben ser resistentes a la acumulación de contaminantes (especialmente si se trata de bioindicadores acumuladores), permaneciendo vivos para poder observar sus respuestas, a menos que la mortalidad sea una de las variables a estudiar.

— Sería preferible que fueran organismos de larga vida para poder muestrear diferentes grupos de edades. O por lo menos, el bioindicador ha de tener un tiempo de vida lo suficientemente largo como para que las respuestas se puedan manifestar.

Aunque se haya dicho que los mejores bioindicadores son las especies estenoicas, pues sus reacciones son más sensibles, hay casos en que especies eurioicas pueden también ser buenas bioindicadoras: precisamente por ser muy comunes y abundantes en zonas amplias, al faltar en algunos lugares concretos, pueden con su ausencia indicar algunos impactos ambientales. Por ejemplo, en Suiza se vio que un briófito muy común y abundante y que vivía en toda Suiza (había datos bibliográficos de su presencia desde el siglo pasado), desde cierto año no se había vuelto a encontrar de nuevo en varias zonas, que casualmente coincidían con lugares de gran afluencia turística.

Ventajas de los bioindicadores

Una de las primeras pegas que se pueden poner al uso de seres vivos como indicadores de las condiciones del medio en que viven suele ser la siguiente: si lo que se quiere es, por ejemplo, saber si en un lugar hay contaminación atmosférica por metales pesados, ¿por qué no hacer simplemente un análisis del aire?; o, en general, ¿por qué no hacer análisis físico-químicos que son limpios, no requieren conocimientos taxonómicos, y dan valores de todo rápidamente? La respuesta es que, efectivamente, se podrían hacer todos esos análisis, pero los bioindicadores siempre tendrían ventajas frente a la simple indicación físico-química:

— Reflejan el complejo efecto de todos los factores ambientales en todo el medio.

— Evitan la tarea de hacer medidas físicas o análisis químicos que, a menudo, requieren tiempo, técnicas, aparatos, personal cualificado y que, a veces, no están disponibles por no poderse llevar al lugar que se quiere estudiar.

— Ayudan a visualizar la velocidad y la dirección de los cambios ambientales.

— Muestran los efectos sobre los seres vivos y su potencial peligrosidad.

— Localizan las zonas de ecosistemas donde las materias tóxicas y contaminantes se acumulan.

En resumen, los bioindicadores dan una imagen bastante exacta de la extensión de la contaminación que está alcanzando a los seres vivos de un área y de sus efectos. Dan una medida de la intensidad del impacto ambiental y de su peligro potencial para otros organismos vivos como, por ejemplo, el hombre.

BIOMONITORIZACIÓN

Definición, características y utilidad

Monitorizar es (Spellergerg, 1993) realizar observaciones sistemáticas de uno o varios parámetros relacionados con un problema específico, diseñadas para dar información sobre las características del problema y sus cambios con el tiempo.

La monitorización puede ser:

— **Físico-química**, que consiste simplemente en medir concentraciones de contaminantes en el medio.

— **Biológica o biomonitorización**, que consiste en el uso regular y sistemático de organismos vivos para monitorizar o determinar la calidad ambiental.

La monitorización físico-química es en nuestros días cada vez más rápida, pero los valores que se obtienen informan solamente acerca de lo que hay en el medio en ese momento, pero no dice nada acerca de sus efectos, ni actuales, ni, sobre todo, a largo plazo. Por el contrario, la biomonitorización recoge la información de los efectos en los seres vivos a lo largo de su existencia.

La biomonitorización, por trabajar con organismos vivos, da información acerca de las relaciones entre las condiciones ambientales y el mundo vivo; por hacerse a lo largo del tiempo, permite hacer comparaciones entre distintos estados y los datos obtenidos pueden servir de base para predecir cambios futuros que puedan ser importantes para el hombre. Por esto se puede considerar la biomonitorización como la base para poder desarrollar programas de control efectivo y gestión del medio-ambiente. De ahí la importancia de organizar ya líneas básicas de monitorización, como base de datos de trabajos futuros.

Estas características que acabamos de comentar hacen que sea más interesante la biomonitorización que la monitorización físico-química. Además, podemos recordar todas las ventajas de usar bioindicadores frente a medidas físico-químicas, que relacionamos en un apartado anterior y que vuelven a ser válidas en la comparación entre biomonitorización y monitorización físico-química. Recordemos sobre todo lo siguiente:

— Las medidas de algunos parámetros en la monitorización físico-química exigen tiempo, desplazamientos, personal cualificado, reactivos, etc., todo lo cual puede hacer que los análisis sean caros; incluso puede ser necesaria la energía eléctrica, que en el campo, por lo general, no está disponible. La biomonitorización es más económica.

— Lo que en el fondo más le puede interesar al hombre es conocer las posibles repercusiones de las perturbaciones ambientales en su vida y su cultura; la única manera de lograrlo es a través de seres vivos, viendo lo que a ellos les ocurre.

Como uno de los fines principales de la monitorización es detectar y medir cambios en el medio-ambiente, los datos que se obtengan sólo serán útiles si se tiene una base de comparación. Lo ideal sería tener datos de áreas totalmente libres de contaminación, pero esto hoy en día ya no es posible, pues incluso a muchos kilómetros de distancia de lugares habitados, que por tanto podrían suponerse «limpios», se pueden detectar los efectos de la contaminación. Por ejemplo, la llamada contaminación «transfronteras»: lluvia ácida, efecto invernadero, destrucción de la capa de ozono, lluvias radiactivas, producen sus efectos muchas veces a muchos kilómetros del lugar donde se produjo el foco de emisión de contaminantes. Incluso en la Antártida, tan poco habitada y tan lejos de cualquier núcleo importante de habitación humana, se pueden detectar los efectos de la polución en algunas aves, que tienen ya un cierto nivel de contaminantes acumulados en su cuerpo. Como hoy en día es imposible hacer medidas adecuadas en lugares libres de contaminación, lo que se utiliza como base de comparación son los datos o bien de fechas antiguas, si los hay, o bien de las zonas adecuadas que estén próximas.

La falta de datos de un hipotético estado basal es un problema, que en algún caso se puede resolver haciendo biomonitorización «hacia el pasado». Por ejemplo, estudiando el polen de depósitos fósiles o los anillos de crecimiento de los árboles, o depósitos lacustres, o aprovechando recolecciones de material biológico conservado en herbarios o museos. En alguno de los próximos capítulos comentaremos alguno de estos estudios.

Algunas de las utilidades que pueden darse a los trabajos de biomonitorización, que le añaden valor sobre lo ya dicho hasta ahora son las siguientes:

— La biomonitorización es la base para la gestión de los recursos biológicos, para el desarrollo sostenido y la evaluación de recursos naturales.

— La biomonitorización sirve para manejar y conservar de forma efectiva ecosistemas y poblaciones. Aporta datos sobre variaciones en las condiciones ambientales, sobre la intensidad y dirección de variación, por lo que es una base para la prevención.

— La biomonitorización del uso del suelo y del paisaje aporta datos que sirven de base para mejorar el uso de la tierra y combinar su utilización con su conservación.

— La biomonitorización permite vigilar la contaminación e indicar la calidad del medio-ambiente.

— La biomonitorización es un camino para avanzar en el conocimiento de la estructura y la dinámica de los ecosistemas biomonitorizados.

Tipos de biomonitorización

La biomonitorización puede hacerse de dos maneras:

— **Directa**: se hace cuando se trata de monitorizar contaminación, midiendo la cantidad de contaminantes en los organismos mediante análisis adecuados en muestreos sucesivos. Es decir, se miden los contaminantes en los seres vivos en lugar de hacerlo en el medio. Se suele emplear este método cuando se desea chequear el estado de una zona, donde se desconoce la existencia, la localización y el momento del impacto contaminante. Para poder hacer biomonitorización de esta manera es necesario saber en qué organismos medir, o sea, cuáles son los mejores bioindicadores por los motivos que sea. También es necesario conocer el nivel normal de lo que se está midiendo, para lo cual es necesario tener medidas control. Un caso típico de biomonitorización directa es la utilización de briófitos como biomonitores de contaminación atmosférica por metales pesados. Para ello, se hacen transplantes a las zonas que interesa controlar y se mantienen también transplantes en el lugar de origen; con los transplantes en lugar de origen se tienen medidas control, mientras que los transplantes al lugar de estudio sirven para ir detectando las cantidades de metales pesados, así como para investigar qué especies de briófitos son las mejores captadoras de los distintos metales pesados.

— **Indirecta**: según algunos autores (Podani, 1992), es la verdadera biomonitorización. Sirve para monitorizar cualquier tipo de proceso, no sólo contaminación, y se basa en detectar los cambios visibles o medibles que el medio provoca en los organismos. Al principio de este capítulo explicamos cómo los vegetales pueden ser indicadores a distintos niveles; igual ocurre con los animales. Por ello, cuando se hacen trabajos de biomonitorización, también se pueden hacer a diferentes niveles:

A) A nivel de individuos de una especie: se estudian las respuestas que manifiestan los individuos de las especies biomonitoras. Naturalmente, las especies elegidas para el estudio deben ser adecuadas al factor que se quiere monitorizar y tal adecuación se considera que existe cuando los biomonitores dan una respuesta específica al cambio ambiental considerado.

B) A nivel de población de una especie: se miden variables o procesos que se refieran a la población de la especie elegida. En estos casos suele ser preferible emplear especies estenoicas, ya que son las que mejor responden, pues si se conocen sus límites se puede deducir cómo es el medio.

C) A nivel de comunidad: se estudian conjuntamente cambios en dos o más especies de un mismo lugar. Este nivel permite detectar cambios a nivel global, pues unas especies pueden ser sensibles a unas variables y otras especies a otras; así se ve el cambio en su conjunto.

D) A nivel de ecosistema: se estudian comunidades y se añaden también datos de estudios relativos al medio abiótico. A menudo es difícil diferenciar cuándo se está trabajando a nivel de comunidad y cuándo a nivel de ecosistema, pues en realidad, al estudiar comunidades los datos que se suelen tener en cuenta son muchas veces dependientes o modificables por el medio abiótico; debido a esta razón, los dos últimos niveles, de hecho, no se suelen diferenciar.

Qué se suele hacer en los trabajos de monitorización y cómo puede hacerse

Aunque en principio podría investigarse cualquier tipo de problema ambiental, la monitorización (físico-química o biológica), se ha centrado hasta ahora en algunos aspectos concretos, que se han plasmado en ciertos tipos de trabajos:

1) Estudios relativos a la degradación de los ecosistemas y medida de su velocidad. Como la degradación puede deberse a multitud de factores (contaminación del agua, del aire o del suelo, deforestación, sobrepastoreo, actuaciones del hombre como regulación de ríos, minería, construcciones de vías de comunicación, pantanos, drenajes de zonas húmedas, etc.), la monitorización no debe circunscribirse al estudio del impacto de contaminantes, sino que deben tenerse en cuenta todos aquellos aspectos que puedan aportar datos acerca de los procesos que están provocando la degradación. En estos estudios, son tareas esenciales la descripción y clasificación de comunidades animales y vegetales y de ecosistemas, la preparación de inventarios y la comparación con un estado basal si se conoce.
2) Otro tipo de estudios consiste en hacer un seguimiento del efecto de ciertos contaminantes o de impactos ambientales dentro de un área determinada durante un periodo de tiempo indefinido. Estos estudios se hacen cuando se sabe con antelación en una zona cuál o cuáles (pocos) son los principales contaminantes o impactos que le afectan. Casi siempre se interpreta que los efectos son negativos, y por tanto este tipo de trabajos sirven como control o sistema de vigilancia; así es, por ejemplo, cuando se estudian las poblaciones de líquenes en los alrededores de una central térmica o en una ciudad, o los efectos de los vertidos de aguas residuales en la estructura de las comunidades algales marinas o dulceacuícolas. Pero a este tipo de monitorizaciones se pueden referir también muchos estudios que se centran en aspectos positivos, como los que se hacen en la actualidad de seguimiento de la recuperación de espacios alterados, por ejemplo estudios de regeneración de la flora en espacios quemados o de protección de taludes mediante revegetación. En este tipo de estudios es muy importante disponer de un método de muestreo o toma de datos adecuado.
3) Hay otros tipos de estudios, que se realizan cuando no se conocen las clases de impacto o contaminación que se pueden estar dando. Si lo que interesa es detectar todos los contaminantes o impactos de mayor importancia el trabajo puede ser muy complejo, ya que hay que ir chequean-

do todos los factores ambientales y comparando los datos que se obtengan con los que se puedan tener de un hipotético estado basal. Sin embargo, debido a su complejidad, este tipo de estudios suele centrarse en algunos factores que a priori se consideran los más importantes o son, simplemente, los que por un motivo u otro interesan. Por ejemplo, hoy en día hay en varios países europeos redes de monitorización de la contaminación del aire por metales pesados mediante briófitos: no se sabe si existen metales pesados o no, pero se controla con los briófitos; así mismo, es posible que haya otros tipos de contaminantes, pero no interesan en estos estudios.

Está claro que las respuestas básicas de los ecosistemas cuando se ven afectados por factores ambientales cambiantes pueden ser variadísimas; así mismo, según qué tipo de estudio se esté haciendo, interesará más conocer una respuesta u otra. Por esto, el tipo de tareas que se hacen en trabajos de monitorización son también de muchas clases. Alguna de esas tareas son:

— Medida de variables físicas del medio (temperatura, precipitación, evaporación, estructura del suelo, caudal del río, fuerza del viento, etc.).
— Medida y control de la concentración de contaminantes en el medio abiótico (agua, suelo o aire) o en biomonitores.
— Hallar correlaciones entre las variables físicas y químicas del medio abiótico y los síntomas observados en los seres vivos.
— Estimación de impactos negativos o dañinos para los seres vivos o para el hombre.
— Inventario y clasificación de daños a gran escala en los ecosistemas debidos a actividad humana (deforestación, lluvia ácida, efecto invernadero, etc.).
— Seguimiento de procesos de regeneración y mejora de hábitats o ambientes degradados.

En cuanto a cómo pueden hacerse estos estudios, además de todo un conjunto de medidas físico-químicas posibles, existen una multitud de procesos, variables, respuestas o síntomas evaluables en biomonitorización.

Cuando se hace biomonitorización indirecta a nivel de individuos de especie se pueden estudiar cambios fisiológicos, citológicos o morfológicos. Los cambios ambientales se traducen en alteraciones de fenómenos fisiológicos, normalmente debido a que han sido afectadas moléculas de sustancias que las células utilizan en su metabolismo o en su estructura; por estas mismas razones se pueden observar cambios citológicos, que a veces no se manifiestan más que a nivel microscópico; así mismo, cambios fisiológicos y citológicos pueden acabar provocando cambios morfológicos, visibles ya a nivel macroscópico.

Algunos cambios fisiológicos que se pueden estudiar son: el intercambio gaseoso, la tasa de fotosíntesis, el balance hídrico, el funcionamiento de los estomas, la tasa de trasnspiración, la permeabilidad celular, las propiedades osmóticas, la actividad enzimática o cómo, dónde y cuánto se acumulan contaminantes en las especies acumuladoras resistentes.

En cuanto a cambios citológicos, se pueden estudiar fenómenos de plasmólisis, deformación de cloroplastos, degeneración de cloroplastos, degeneración de parénquimas, decoloración o cambios de color en paredes celulares, etc.

Si se trata de cambios morfológicos, se puede estudiar, por ejemplo, la existencia de clorosis o necrosis en hojas, cambios en el crecimiento, aparición de individuos con anomalías, enanos o gigantes, etc.

Cuando la biomonitorización se hace a nivel de población de una especie, naturalmente pueden seguir utilizándose todos los procesos o variables que se aplican a los individuos de la especie, pero también aparece otro tipo de datos, aplicables sólo como mínimo a nivel de población, que pueden ser estudiados, como: presencia/ausencia, abundancia, dominancia, área o porcentaje de cobertura, biomasa, densidad de población, clases de edad, mortalidad, natalidad, tamaño de la población, velocidad de crecimiento y tasa de renovación, estado reproductor de la población (plantas en flor, porcentajes de individuos reproductores, éxito de germinación de semillas, capacidad de rebrote), etc.

Finalmente, cuando se biomonitoriza a nivel de comunidad o ecosistema, a todos estos hechos comentados anteriormente se les puede añadir otros propios de estos niveles, como son: la composición específica de la comunidad, la estructura de la vegetación, diversidad, frecuencia y riqueza específica, existencia de especies raras, protegidas, en peligro de extinción, bioindicadoras, ciclos de nutrientes, flujo de energía, redes tróficas o alimentarias, productividad, estado de la sucesión ecológica y del grado de colonización del espacio, bioacumulación, existencia de impactos ambientales, etc.

Naturalmente, no todos los organismos, ni sus poblaciones, ni las comunidades en que se integran, ni el medio en que viven, son igualmente adecuados para biomonitorizar todos los fenómenos que nos puedan interesar. De la misma manera, no todos los contaminantes son igualmente importantes en los distintos medios en que se pueden encontrar y, por tanto, no todos los medios son igualmente interesantes desde el punto de vista de la biomonitorización. Aunque la preocupación por los temas ambientales data de hace relativamente pocos años, realmente ya desde la década de los años 50 se habían iniciado en el mundo algunas acciones encaminadas a la protección de la naturaleza. Uno de los primeros programas internacionales fue el de la UNESCO, Man and Biosphere, conocido por sus siglas MAB, que data de 1971 y en el que, entre otras aportaciones, se recomendaba y proponía desarrollar programas y sistemas de monitorización y se daba una lista de contaminantes indicando en qué medios se debían estudiar. Algunos de ellos figuran en la Tabla 1.3.

Contaminante	**Medio**
SO_2 y aerosoles	Agua, suelo, aire y ecosistemas acuáticos
Isótopos radiactivos (Sr^{90}, Cs^{137})	Alimentos
Ozono	Aire
DDT y otros organoclorados	Seres vivos
Cd y sus compuestos	Alimentos, hombre, agua de beber
Nitratos y nitritos	Agua de beber, aguas subterráneas y alimentos
NO y NO_2	Aire
Hg y sus compuestos	Alimentos, agua
Pb	Aire, alimentos, agua
CO_2	Aire
CO	Aire
Aceites minerales y sus residuos	Agua de mar
Compuestos de F	Agua de beber
Asbesto	Aire
Arsénico	Agua de beber
Micotoxinas	Alimentos
Microbios	Alimentos
Radicales libres y oxidantes fotoquímicos	Aire

Tabla 1.3: *Algunos contaminantes y medios en que deben ser controlados según el programa MAB.*

BIOMONITORIZACIÓN A NIVEL DE COMUNIDAD Y ECOSISTEMA

Introducción

Trataremos a continuación algunos aspectos de la biomonitorización en el último nivel de aproximación, en el que como dijimos anteriormente consideramos de forma conjunta las comunidades y los ecosistemas.

Para comenzar, digamos que como se han hecho pocos estudios de este tipo, cuando se empieza a biomonitorizar en un área cualquiera desconocida es como partir de cero, pues hay que empezar incluso describiendo la zona y haciendo listas con las especies que allí viven. Sin embargo, aunque haya pocos estudios de indicación biológica a nivel de comunidad y ecosistema, no cabe duda de que sería la forma más conveniente de trabajar, según reconocen muchos autores, pues es la mejor manera de ver el efecto de algunos problemas sobre el conjunto de los seres vivos y su hábitat, de forma más real. En especial, de algunos contaminantes o de algunos hechos, como el aumento de concentración de CO_2 en el aire, o la disminución de la capa de O_3, deberían estudiarse sus efectos a este nivel. Igualmente, los efectos de la deforestación o los cambios en ciclos biogeoquímicos o todos aquellos que su impacto se produzca a nivel global sobre los ecosistemas y, a veces, a distancia del foco de origen.

Las comunidades y los ecosistemas se pueden biomonitorizar estudiando tanto factores relativos a su estructura como a su funcionamiento (Podani, 1992). Hay muchos más trabajos relativos a la estructura, hasta un 90 % del total, porque los que se refieren al funcionamiento (ciclos de nutrientes, flujo de energía, etc.), aunque son mucho más globales requieren largo tiempo y se dice que son tediosos.

A continuación comentaremos algunas formas, técnicas o métodos de biomonitorizar el nivel comunidad-ecosistema, primero relativos a la estructura y después a su funcionamiento.

Bioindicación y biomonitorización basadas en la estructura de la comunidad

La estructura de una comunidad se caracteriza por variables relativas a su composición específica, abundancia de especies, biomasa, distribución espacial, distribución de edades, formas vitales, etc. Todas estas maneras de describir la estructura de una comunidad son ampliamente utilizadas en biomonitorización.

Los estudios para investigar la estructura de una comunidad o de un ecosistema pueden ser cualitativos o cuantitativos. Se puede estudiar la respuesta a muchas preguntas: ¿Qué especies hay? ¿Dónde están? ¿Cuántas son? ¿Qué edad tienen? ¿Cómo se relacionan? Contestando a estas preguntas tendremos idea de la estructura, pero para poder contestarlas es imprescindible tomar muestras de los distintos componentes de la comunidad o ecosistema, y después estudiarlas, analizarlas, etc.

A: Muestreo. En todos los casos de biomonitorización, siempre, lo primero que habrá que hacer será tomar muestras de los elementos que sirvan para desarrollar el estudio. Hay varios aspectos relativos al muestreo que conviene comentar:

— **Métodos de muestreo**. Para cada tipo de estudio es conveniente diseñar métodos de muestreo. El método de muestreo es muy importante; de un buen muestreo dependen los datos y los resultados que se puedan obtener y por tanto la corrección y la calidad de cualquier estudio. Los métodos de muestreo dependen de muchos factores relativos a la propia comunidad, por lo que si la comunidad es desconocida hay que elegir con mucho cuidado. Métodos de muestreo hay muchísimos: cuadrados, barridos, redes, transectos, etc., y en cada comunidad interesa o es adecuado uno. Por ejemplo, en comunidades afectadas por algún factor ecológico que manifieste un gradiente bien señalado puede ser indicado el hacer transectos longitudinalmente en el sentido del gradiente; para conocer la o las comunidades vegetales de un bosque puede convenir levantar inventarios en cuadrados de 10 x 10 m, etc.

— **Frecuencia de muestreo**. También interesa, a la hora del muestreo, determinar la frecuencia del mismo, pues para que la biomonitorización tenga sentido y sea útil es necesario hacer un seguimiento a lo largo del tiempo. En general, la frecuencia de muestreo se deriva del ciclo vital de las especies de la comunidad en que se centra la biomonitorización. Hay que tener cuidado en que los intervalos entre muestreos no sean demasiado grandes, pues se podrían quedar sin localizar especies de ciclo vital corto, pero tampoco demasiado pequeños porque, sobre todo en métodos de muestreo que sean destructivos, se podría dañar mucho el ecosistema e incluso eliminar especies. Como regla general se suele decir que la frecuencia de muestreo debe ser tal que con los datos obtenidos se puedan aplicar métodos estadísticos.

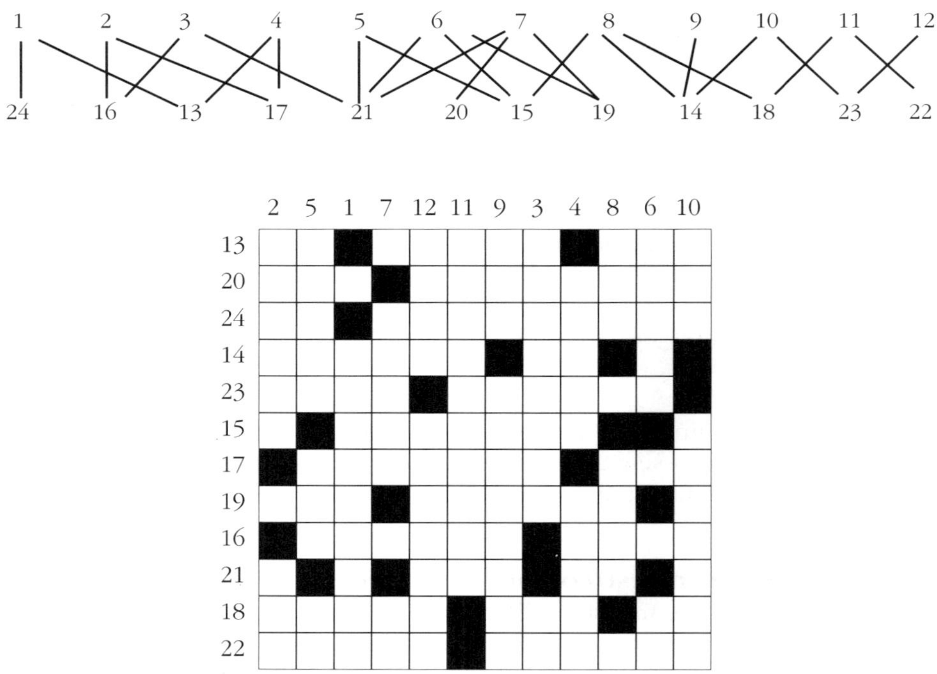

Fig. 1.1: *Arriba, doble serie de números y parejas establecidas al azar; abajo, cuadrado imaginario representativo del área a muestrear, señalando las intersecciones que corresponden a las parejas de números previamente establecidas arriba, donde estarían los puntos de muestreo.*

— **Localización de las muestras**. Otro aspecto a tener en cuenta en relación al muestreo es la localización de las muestras que se van a tomar. En unos casos interesará que las muestras sigan un orden preciso, en otros interesará un muestreo al azar. He aquí un método sencillo de diseñar la localización de muestras al azar: se escriben dos series de números cualesquiera y se unen por parejas al azar; después se divide imaginariamente la zona de estudio en forma de retículo y se asignan a las filas y a las columnas los mismos números, pero no en orden, sino al azar; finalmente se señalan las intersecciones del retículo que coincidan con las parejas de números que hemos formado anteriormente: esos serán los lugares donde conviene tomar las muestras, que serán al azar (ver Fig. 1.1). Este método de localización de muestras puede ser útil cuando se tiene que muestrear una superficie grande: la superficie puede estar representada en un mapa, sobre el cual se sitúan los puntos de muestreo, para después desplazarse al lugar real y tomar las muestras. Otra forma de localizar muestreos al azar, pero siguiendo un cierto orden es la siguiente: se hace coincidir la zona a muestrear más o menos con un cuadrado; este cuadrado se cruza imaginariamente por diagonales y paralelas a los lados que pasen por el punto medio de los lados; a lo largo de esas líneas, sin que sea a distancias fijas, se toman las muestras en número que interese (ver Fig. 1.2). Este método es muy conveniente y rápido cuando la superficie de donde se han de tomar las muestras es tan pequeña que se puede abarcar al natural, por ejemplo la superficie de un tronco de árbol en donde se quieren muestrear briófitos.

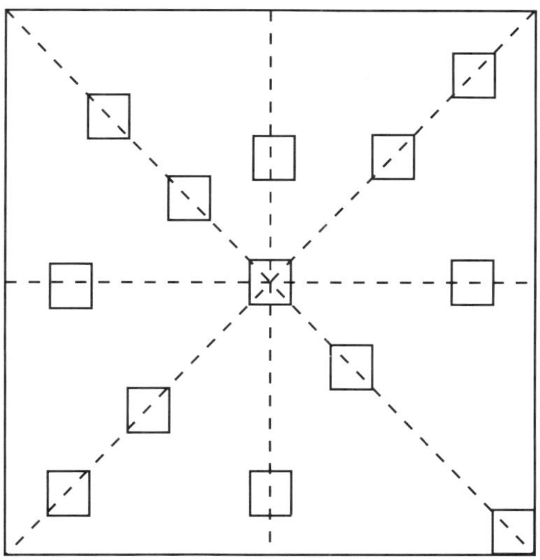

Fig. 1.2: *Zona a muestrear asimilada a un cuadrado; en él, sobre las diagonales se han señalado 5 puntos de muestreo y sobre las paralelas a los lados 3 puntos de muestreo.*

— **Tamaño de la muestra**. El tamaño de la muestra es un aspecto a tener en cuenta, pues debe ser tal que permita conocer qué elementos forman parte del espacio objeto de estudio, pero al mismo tiempo debe ser lo más fácil posible de manejar. A veces no es fácil determinar el tamaño ideal de las muestras, sobretodo cuando las comunidades son desconocidas, pues a priori no se sabe qué diversidad, cantidad, o distribución espacial de elementos puede haber. Por otra parte, la existencia de asociaciones entre distintas especies se detectará o no según el tamaño de la muestra. En la Naturaleza, la mayoría de las especies se asocian, especialmente en el mundo de los vegetales se forman comunidades vegetales por asociación de especies: bosques, matorrales, prados, etc. Cuando se trata de estudiar comunidades vegetales mediante el levantamiento de inventarios, el tamaño de la muestra, o sea, de la superficie a inventariar, depende del tipo de comunidad; es distinta la superficie si se trata de bosques, de matorrales, de prados, de roquedos, etc. Afortunadamente, la experiencia acumulada a lo largo del tiempo por muchos investigadores ha facilitado el conocimiento del área mínima de muestreo según las distintas comunidades vegetales, es decir, del área en la que se considera que la mayoría de las especies (entre el 80 y 90 %) estarán presentes; así, los inventarios de prados alpinos pueden hacerse sobre cuadrados de 1 m^2, los de bosques sobre 100 m^2, los de matorrales mediterráneos sobre 4 m^2, etc. La Fig. 1.3 es ilustrativa de cómo el tamaño de la muestra puede permitir detectar o no la existencia de asociaciones entre especies. En ella se muestra cómo según el tamaño del área de muestreo se podrían deducir distintas asociaciones: con el tamaño 1 no se advertiría asociación entre especies A, B y C; con el 3 parecería que A, B y C se asocian entre sí, lo cual no es cierto; el tamaño 2 permitiría detectar la asociación A-B, que es la que realmente existe.

Todavía existen otros muchos factores que hay que tener en cuenta a la hora de muestrear, por ejemplo algunos que se refieren a características de las propias poblaciones que se van a muestrear, como pueden ser la densidad o el tamaño de la población, o el patrón de distribución de sus individuos. La densidad es el número de individuos/área o volumen, lo cual implica que, para hallarla, hay que contar individuos de la especie que sea y contar no siempre es fácil. Métodos para contar hay muchísimos y según que elemento sea el que hay que contar se usan unos métodos u otros. Por ejemplo, cuando se trata de contar granos de polen atmosférico lo que se hace es contar una línea de pasada de objetivo en un porta ya montado en el que se ha depositado el polen atmosférico por un periodo de tiempo determinado y, luego, mediante una fórmula, referirlo a toda la superficie del porta y al volumen de aire correspondiente. Muchas veces el método para contar depende del tamaño de la población. Por ejemplo, cuando se trata de contar individuos de una especie animal relativamente grande, suele ser útil el método de captura-recaptura, que consiste en capturar cierto número de individuos, marcarlos y devolverlos al medio, para posteriormen-

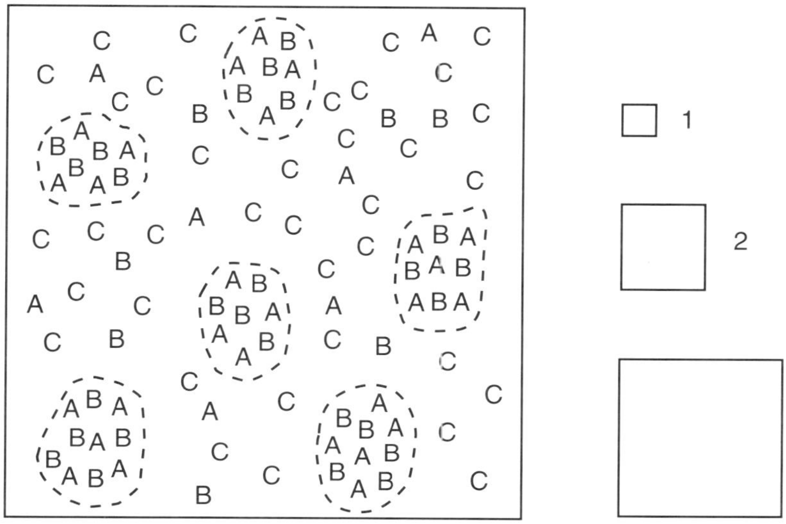

Fig. 1.3: *Relación entre el tamaño de muestras y la posibilidad de detectar asociaciones entre 3 especies hipotéticas A, B y C* (Tomado de Kershaw, 1964).

te volver a capturar el mismo número de individuos de la misma población; la relación entre el número de individuos marcados recapturados e individuos totales marcados será la misma que entre éste y el total de individuos de la población. En cuanto al patrón de distribución, en la Fig. 1.4 puede observarse cómo puede variar sin que varíe el número total de individuos ni la densidad. En la Naturaleza, muchas especies tienen patrones de distribución definidos, y es mucho más frecuente el patrón de tipo «agregado» que los de tipo «homogéneo» o «al azar».

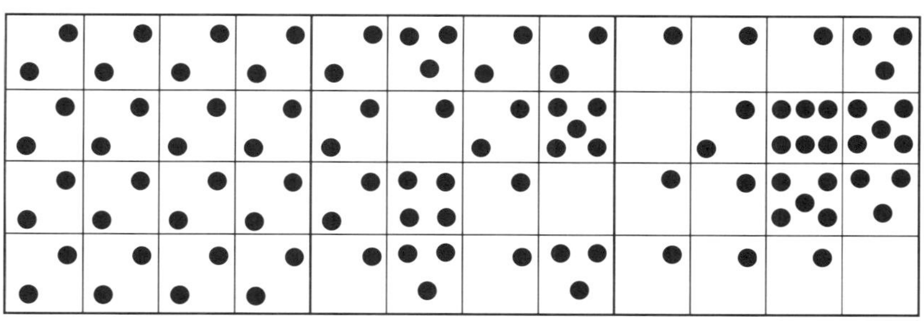

Fig. 1.4: *Distribución espacial en tres poblaciones hipotéticas en las que el número total de individuos (32) y la densidad (2 por unidad de superficie - cuadrado) es igual. a/ patrón «homogéneo»; b/ patrón «al azar»; c/ patrón «agregado»* (Basado en Spellerberg, 1993).

B: Análisis de los datos. Cuando la biomonitorización se basa en variables relativas a la estructura de la comunidad, lo más frecuente es presentar los datos obtenidos con los muestreos en forma de matriz, en la que las filas son especies y las columnas puntos de muestreo. En las intersecciones se dan los valores de la variable que se esté considerando de la especie en el punto de muestreo correspondiente. Aunque algunas variables son de por sí ya indicadoras (por ejemplo, la variable «número de especies presentes», es por lo general mayor en ambientes no contaminados; si disminuye el número de especies es normalmente porque aumenta la contaminación o porque hay algún factor de efectos limitantes), la comprensión es mejor si las matrices o los datos, obtenidos y ordenados en la forma que sea, se someten a tratamientos estadísticos. Estos pueden llegar a ser todo lo sofisticados que se desee, incluso imposibles de llevar a cabo si no se dispone de ordenadores y programas informáticos adecuados, pero también los hay sencillos y fáciles de aplicar. A continuación describiremos algunos:

— **Curvas de abundancia (o de frecuencia) de especies**. Cuando se estudia cualquier comunidad se ve que unas especies son abundantes y otras son raras. El hecho de que algunas sean raras no siempre está relacionado con problemas ambientales, hay especies que en la Naturaleza son de por sí raras, es decir, poco frecuentes y poco abundantes. Cuanto más abundante sea una especie, mayor probabilidad tendrá de ser recogida en una muestra, por tanto, las especies más abundantes, serán igualmente las más frecuentes en el conjunto de muestras que se tomen de una zona.

Según Raunkier (1934), si se hace una representación gráfica de intervalos de frecuencia de aparición de especies en las muestras tomadas de una zona frente al número de especies que hay en cada intervalo (ver Fig. 1.5), la imagen que se obtiene tiene forma de J invertida. Es decir, muchas especies tienen poca frecuencia, pocas especies tienen frecuencia intermedia y algunas más tienen frecuencia alta. El porcentaje de frecuencia se hace en relación al número total de muestras que se hayan hecho en una comunidad en concreto. Esta curva en J viene a decir que en una comunidad típica o normal hay algunas especies muy abundantes (muy alto % de frecuencia) y que son dominantes en la comunidad y muchas especies que son muy poco abundantes (bajo % de frecuencia) incluso muy raras.

Preston, en 1948, ideó otra forma de representación que parece en principio contradictoria con la de Raunkier (Fig. 1.6), pero lo que hace es dar más significado a las clases extremas de Raunkier, ya que son las que tienen más especies; para conseguir esto lo que hace es representar en el eje de abcisas el número de individuos en potencias de dos y en el eje de ordenadas el número de especies que se han encontrado con esos números de individuos. De esta manera, además, la representación es válida tanto para una muestra como para varias, porque los datos de las muestras se pueden sumar.

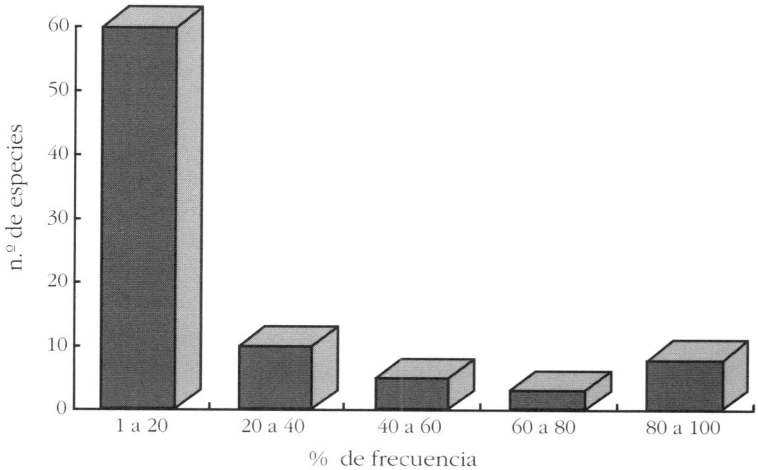

Fig. 1.5: *Representación gráfica del número de especies que pertenecen a cada clase de frecuencia en una comunidad hipotética.*

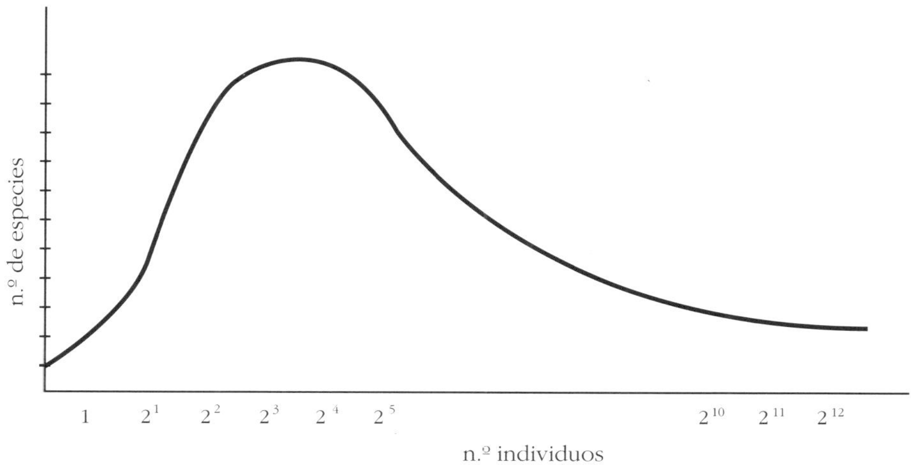

Fig. 1.6: *Representación gráfica de la distribución del número de individuos frente a número de especies según Preston (1948).*

Se han hecho aplicaciones de esta forma de representación (Patrick, 1954) en estudios de comunidades de diatomeas en aguas limpias y contaminadas, con el fin de averiguar si la contaminación influía en la abundancia de las especies. Se vio que la curva era más baja para las comunidades de diatomeas de las aguas contaminadas, salvo en el extremo derecho de la curva, en la zona de especies muy abundantes, donde había alguna especie más que en las comunidades de aguas limpias; la explicación es sencilla: en aguas contaminadas la mayoría de las especies están desfavorecidas, por eso disminuye su número de individuos, pero unas pocas se ven favorecidas y aumenta mucho su abundancia.

— **Diversidad.** La diversidad es una buena variable para definir un ecosistema, pues es mayor cuanto más maduro sea el ecosistema y más estable, por tanto, haya podido permanecer (para alcanzar la madurez). Viceversa, una inestabilidad que se produzca, por ejemplo un aumento de la contaminación, normalmente acarrea al ecosistema una disminución de la diversidad. La diversidad se mide mediante índices, que son números que expresan siempre relaciones entre el número de especies que existen en el lugar que se esté considerando y la abundancia de las mismas. Hay muchos índices diferentes según distintos autores. Algunos de los más típicos son:

• Número de especies presentes entre los primeros 100 (ó 200, ó 1000, o el número que se considere adecuado) ejemplares muestreados. Aunque es un índice muy sencillo, lo cual es una ventaja, no siempre es fiable, porque depende mucho de la calidad del muestreo y, en algunas comunidades, del número de individuos muestreados.

• Índice de Shannon-Weaver. Se calcula mediante la fórmula:

$$H = -\sum p_i . \log_2 p_i$$

siendo p_i la frecuencia relativa de cada una de las especies que hay en la muestra, valor que se calcula dividiendo el número de individuos de cada especie (n_i) por el número total de individuos de la muestra (N). La frecuencia relativa p_i está siempre comprendida entre 0 (no hay individuo alguno en la muestra) y 1 (todos los individuos de la muestra son de la misma especie); el valor de $p_i . \log_2 p_i$ puede alcanzar valores entre 0 y $\approx -0{,}53$. Como los valores de la expresión $\log_2 p_i$ son negativos, en la fórmula del índice se pone el signo – delante. Existen gráficas que representan los valores de $-p_i . \log_2 p_i$ en función de p_i (Margalef, 1986: pág. 369), lo cual facilita mucho el cálculo del índice.

• Índice de Simpson. Se calcula mediante la fórmula:

$$D = 1 - \frac{\sum n_i (n_i - 1)}{N(N-1)}$$

en la que n_i es el número de individuos en la especie i, y N es el número total de individuos en la muestra.

El índice D, en realidad, indica la probabilidad de que dos individuos sacados al azar pertenezcan a distinta especie puesto que la fracción del término segundo de la fórmula indica la probabilidad de que dos individuos extraídos al azar sean de la misma especie. Cuanto más alta sea la diversidad, menor será la probabilidad de que dos individuos elegidos al azar pertenezcan a la misma especie, por lo que a mayor diversidad, mayor valor del índice D.

- Índice de Southwood. Se calcula mediante la fórmula:

$$S= \alpha.\log_e (1+ N/\alpha)$$

en la que S= número total de especies; N = número total de individuos; y α = índice de diversidad de Southwood. Para calcular este índice, que podría resultar tedioso o complicado, existen gráficos (Spellerberg, 1993) que permiten conocerlo sin hacer operaciones.

El empleo de índices de diversidad, a pesar de ser un buen indicador del estado de los ecosistemas, presenta, sin embargo, algunos problemas. Por ejemplo:

* En ocasiones, el índice puede depender del tamaño de la muestra.

* En algunos ecosistemas la disminución de unas especies puede verse compensada, a efectos del índice de diversidad, por el aumento de otras. Ha habido cambios, pero el índice no los ha reflejado.

* La diversidad en algunos ecosistemas depende también de aspectos que no tienen nada que ver con la contaminación. Por ejemplo, la estación del año, las relaciones tróficas fluctuantes, cambios que se den al azar, accidentes, etc.

* Puede ser difícil de calcular, simplemente porque es difícil la identificación de todas las especies.

* Da igual valor a todos los individuos de todas las especies, sin tener en cuenta su valor como bioindicadores.

* Al utilizar un índice de diversidad, que al fin y al cabo es un solo número, se puede perder información valiosa acerca del ecosistema, pues varios ecosistemas pueden tener valores del índice parecidos partiendo de valores para hallarlo muy diferentes.

— **Índices bióticos**. Son índices creados para expresar la situación real de los ecosistemas frente a una situación ideal en la que no existiera ningún tipo de contaminación. Se idearon precisamente para dar más valor a las especies que son indicadoras de algunos aspectos ecológicos. Hay muchos tipos de índices y, en algunos de los capítulos siguientes, comentaremos algunos (índice de saprobiedad, índice de pureza ambiental, índice de toxifobia, índice de Rose, etc.).

Cook (1976) sugiere que los índices bióticos, para ser utilizados en bioindicación y biomonitorización, deben satisfacer los siguientes requerimientos básicos:

* Ser sensibles a la contaminación, es decir, cambiar cuando la contaminación cambia.

* Tener validez general, es decir, ser útiles en áreas amplias, no sólo localmente.

* Ser adecuados para indicar la calidad ambiental según una escala lineal, desde un estado natural a uno altamente contaminado.

* Ser independientes del tamaño de la muestra.

* Tener sencillez para recoger los datos y calcularlo.

— **Métodos multivariantes**. Tanto los índices de diversidad como los índices bióticos, al final, reducen la información del ecosistema a un simple número, lo cual puede hacer perder la información subyacente a los valores que se han utilizado para calcularlos. Los métodos multivariantes intentan aprovechar mejor la información, para lo cual trabajan básicamente con matrices de datos, en las que las filas son variables o atributos y las columnas, individuos u observaciones. En Botánica, por ejemplo, es muy frecuente trabajar con matrices en las que las filas son especies y las columnas, estaciones de muestreo, dando a las intersecciones el valor de la variable que se esté estudiando, desde la simple presencia o ausencia de las especies en cada estación de muestreo hasta frecuencias, concentraciones, abundancias o lo que interese. Cuando ya se tiene la matriz con los datos, se le puede aplicar fórmulas o tratamientos informáticos para comparar las muestras desde los puntos de vista que interese.

• Similaridad entre muestras. Una de las formas más sencillas de comparación entre las muestras de un ecosistema o de varios es estudiar la similitud entre ellas, para lo cual hay distintos índices, como el de Sorensen (S) o el de Jaccard (J). Este último es probablemente uno de los más usados; se trata simplemente de ir comparando las muestras 2 a 2, en función de sus especies, teniendo en cuenta solamente su presencia o ausencia en las distintas muestras. La fórmula para calcularlo es la siguiente:

$$J = \frac{c}{a + b - c} \times 100$$

siendo a el número de especies en la muestra A, b el número de especies en la muestra B y c el número de especies comunes en A y B. Se multiplica por cien para manejar números sin decimales, que siempre resultan más cómodos.

J varía entre 0 (no hay ninguna especie común entre A y B) y 100 (A y B tienen exactamente las mismas especies). Los resultados se suelen presentar en tablas o gráficos de doble entrada, con los números que hayan resultado o sustituyéndolos por dibujos o intensidades de negro según intervalos de valores de J. Si además se agrupan las muestras que tienen mayores J (cambiando filas y columnas) se obtienen gráficos cuadrados simétricos de fácil comprensión visual (ver Fig. 1.7).

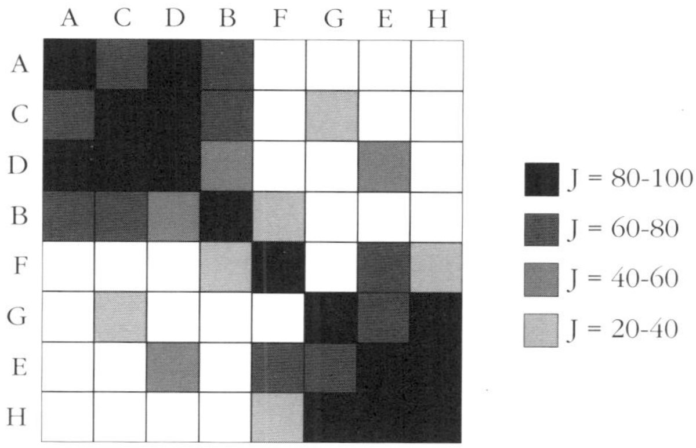

Fig. 1.7: *Imagen que podría tener una representación del índice de Jaccard comparando 8 muestras imaginarias, después de sustituir los valores del índice por distintos sombreados (el cuadro en blanco indica J < 20) y reordenarlos. Queda claro que A, C, D y B son muestras similares entre sí, al igual que F, G, E y H, y que ambos grupos tienen poca relación* (Basado en Ederra & de Miguel, 1988).

Cuando se comparan muestras de esta manera, si uno de los grupos de muestras que se forman corresponde a una localidad (o a un grupo de localidades) natural, no contaminada, las muestras de cualquier otra localidad se pueden relacionar mediante el índice de Jaccard con ese grupo; se puede deducir si también está libre de contaminación, pues en ese caso se integrará en el grupo de muestras «no contaminadas», o bien, si no se integra en ese grupo, podremos pensar que algo ha sucedido, quizás contaminación, que hace a la nueva localidad diferente.

- Agrupaciones y ordenaciones. Otras formas de expresar relaciones entre variables puede ser calcular la distancia euclidiana, los coeficientes de correlación o cualquier otro estadístico adecuado. Por ejemplo, el coeficiente de correlación varía entre +1 y –1, e indica total correlación positiva o negativa si el valor es cercano a +1 ó –1 respectivamente, mientras que si los valores son próximos a 0 no hay correlación entre las muestras.

Otra forma de comparar diversas condiciones consiste en crear una nueva matriz en la que se ponen los datos de similaridad, o de distancia euclidiana, u otros. Con esta nueva matriz, utilizando tratamientos informáticos, se pueden hacer grupos u ordenaciones.

El resultado de las agrupaciones («clusters») es ordenar todas las muestras en forma de dendrograma. Un dendrograma (ver Fig. 1.8) es una figura a modo de árbol, con las ramas más o menos próximas entre sí, agrupando las distintas muestras. Si los dendrogramas son jerarquizados dan además el grado relativo de relación entre los grupos que se forman. Con el ejemplo anterior del cuadro de similaridad de Jaccard de la Fig. 1.7, un dendrograma podría ser como el de la Fig. 1.8, en la que se aprecian de nuevo dos grupos, el primero formado por las muestras A, D, C y B y el segundo por G, H, E y F. Se puede apreciar cómo en el segundo grupo, por ejemplo, H y E son los más parecidos entre sí y ambos con G, mientras que F es el más diferente a los otros tres. Si el dendrograma es jerarquizado, se sabe el grado de similitud por la altura a que parten las ramas que conducen a cada muestra. Por regla general, cuanto más abajo (o más lejos del tronco o inicio del dendrograma) se abra la rama, más parecidas son las muestras o grupos de muestras a que conducen.

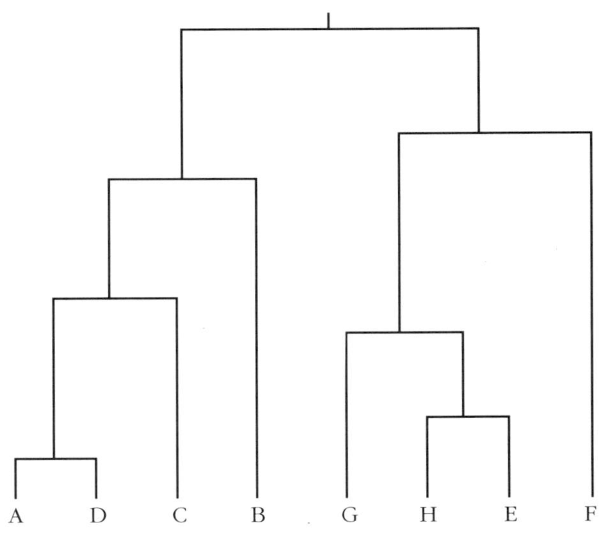

Fig. 1.8: *Dendrograma imaginario que relaciona las mismas muestras consideradas en la Fig. 1.7. Ver la explicación en el texto.*

Entre los métodos de ordenación están los de análisis de componentes principales o los análisis de correspondencias. Consisten básicamente en representar los datos de la matriz en un espacio multidimensional y luego plasmarlas en un plano eligiendo los ejes que concentren la mayor varianza. Así se crean grupos, que quedan segregados unos de otros (ver Fig. 1.9) y, a partir de los grupos que se forman, se puede inferir o deducir con qué factores tienen relación los ejes o, lo que es lo mismo, cuál es el motivo que está influyendo más para que se formen tales agrupaciones.

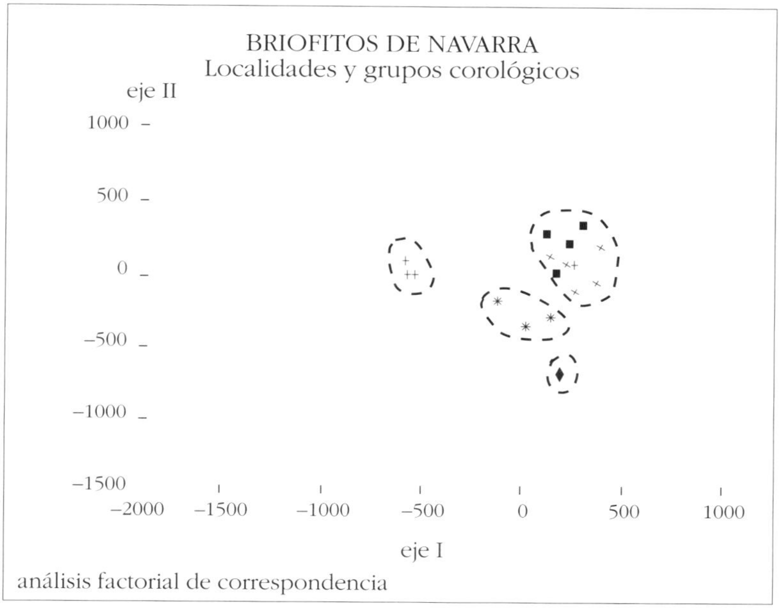

Fig. 1.9: *Representación de un análisis de componentes principales, que relaciona diversas localidades de Navarra (representadas por los símbolos +, x, *, ■ y ◆) entre sí, en función de los porcentajes de elementos corológicos que componen su flora briofítica* (Basado en Ederra, 1989).

Bioindicación y biomonitorización basadas en variables funcionales

Las variables pueden ser variadísimas: fotosíntesis, respiración, ciclo de nutrientes, flujo de energía, producción primaria, procesos metabólicos, redes tróficas, etc. No hay muchos trabajos que se refieran a este tipo de biomonitorización, pues son largos y tediosos. Lo más fácil es utilizar respuestas de ciertos grupos para ciertos ambientes. Por ejemplo, se utilizan bacterias para biomonitorizar aguas, aprovechando que al aumentar los nutrientes aumentan las bacterias y la DBO, al tiempo que si aumenta la contaminación baja la productividad, la velocidad de crecimiento, etc.

Metodología en los trabajos de biomonitorización

Para terminar este capítulo introductorio, remarcaremos que cada proceso de biomonitorización requiere tener ideas claras acerca de una serie de cuestiones básicas y previas a cualquier acción, tan básicas como: ¿qué se quiere biomonitorizar?, ¿cómo se puede hacer?, ¿para qué biomonitorizar? Porque las respuestas que se den a estas preguntas serán esenciales para desarrollar la biomonitorización en un sentido u otro. En cada caso concreto convendrá tener una metodología práctica que conduzca a que las preguntas planteadas se contesten con eficacia.

TEMA 2. LAS ALGAS Y LOS ECOSISTEMAS ACUÁTICOS. ALGAS MARINAS BIOINDICADORAS. ALGAS DE AGUA DULCE Y SU RELACIÓN CON FACTORES FÍSICO-QUÍMICOS Y BIOLÓGICOS. ÍNDICES BIÓTICOS

INTRODUCCIÓN

Algunas características del agua

La tierra es el «Planeta Azul», porque la capa gaseosa que le rodea contiene agua; es el único planeta del sistema solar en el que esto ocurre. El agua no sólo da color a la Tierra, sino que le da posibilidad de mantener vida, es el constituyente característico en el que se apoya la vida. No sólo un alto porcentaje de la materia que forma los seres vivos es agua, sino que en ella ocurren todos los fenómenos propios del metabolismo vital: los seres vivos pueden resistir mucho tiempo sin comer, pero muy poco sin beber. Por otra parte, el agua es un recurso cada vez más escaso, porque cada vez es utilizado o demandado en mayor cantidad para uso agrícola, industrial y consumo humano; y es un recurso limitado, porque la cantidad que hay es fija (no se puede «fabricar» agua, sólo se puede utilizar la que llega a nosotros en algunos puntos del ciclo del agua en la Naturaleza), no es muy grande (las reservas mundiales de agua utilizable sólo alcanzarían a satisfacer el consumo humano actual durante unos pocos meses), y se puede aprovechar directamente sólo aquella parte de la precipitación que queda en forma de flujo de agua (escorrentía superficial y subsuperficial rápida). En España la cantidad de flujo es el 25-30 % de la precipitación, y en el mundo hasta un máximo del 36 %; es decir, sólo entre una cuarta y una tercera parte del agua que llega a nosotros por la lluvia puede ser utilizada. Además de ser un recurso limitado, cada vez el agua disponible está en peores condiciones porque las actividades humanas la están contaminando con toda clase de vertidos.

Para poder seguir hablando de la contaminación del agua, el primer paso sería definir el concepto «contaminación de las aguas superficiales»; pero esto no es fácil, pues hay una enorme variedad entre las aguas naturales, desde las prácticamente puras, provenientes de la fusión de nieve y de hielos glaciares, hasta las aguas pantanosas con altos contenidos en materia orgánica.

Hay además gran diferencia entre la composición del agua de mar y la del agua dulce. Mientras que en el agua marina es típico el alto contenido en ClNa, en las continentales lo es el equilibrio entre el carbonato y el bicarbonato cálcico [$CO_3Ca \Leftrightarrow (CO_3H)_2Ca$]. Además, en el mar, aunque las cantidades de sales varíen, las proporciones entre ellas se mantienen constantes, mientras que en las aguas dulces, tanto las cantidades como las proporciones, pueden ser muy variables. La Tabla 2.1 presenta los valores normales del contenido de estas sales en agua marina y dulce.

Ion	mar	dulce
Ca^{2+}	3,42	63-68
CO_3H^-	0,39	73,9-85,4
Cl^-	90,20	3,9-10
Na^+	77,20	4,5-15,7

Tabla 2.1: *Concentración en % de equivalentes de los principales iones de sales en disolución en aguas marinas y dulces.*

Principales efectos de la contaminación de las aguas superficiales en los seres vivos y ecosistemas en general

En general, se puede decir que un agua está contaminada cuando su composición o su estado están directa o indirectamente modificados por la acción del hombre, en tal medida, que se presta con menor facilidad a todas o a parte de las utilizaciones para las que podría servir en estado natural.

De esta definición se deduce que el que un agua se pueda considerar o no contaminada implica un cierto conocimiento de sus características primitivas o, al menos, de para qué tipo de actividades era válida. Si no se conocen estos datos, al menos se tienen que poder suponer por las características del entorno.

Hay una gran variedad de contaminantes que pueden encontrarse en las aguas. En realidad, se puede decir que casi todo aquello que se vierte en la superficie terrestre, sea en suelo o en aire, tarde o temprano aparecerá en las aguas. Pero no todas las sustancias que llegan al agua son necesariamente nocivas, pues algunas pueden ser perfectamente integradas en su funcionamiento. Los contaminantes que llegan a las aguas superficiales rara vez tienen un solo efecto en ellas, sino que lo normal es que produzcan efectos en cadena, afectando a todo el ecosistema acuático. Algunos de los efectos más importantes de los principales contaminantes de las aguas son los siguientes:

— **Materiales en suspensión**. Provocan aumento en la turbidez, lo cual acarrea un descenso en la intensidad luminosa que puede penetrar en el agua. Debido a la falta de luz disminuye la productividad primaria, pues los organismos autótrofos, al disponer de menos cantidad de energía luminosa, pueden fotosintetizar menos; como consecuencia disminuye el aporte de oxigeno al agua, por lo que baja la concentración del oxígeno disuelto. La menor cantidad de oxígeno disuelto disponible para el metabolismo, así como la propia opacidad del agua, provoca cambios en la biología de los animales; por ejemplo, los peces cambian de hábitos, no cazan, desovan antes, se cubren de lodo. Por otra parte, por haber mayor cantidad de partículas en suspensión, aumentará la sedimentación, por lo que pueden resultar destruidas las biocenosis del fondo.

— **Nutrientes**. Se suelen denominar así a todas las sustancias que sirven para que los productores primarios elaboren su biomasa. Siempre hay nutrientes de forma natural en las aguas, como consecuencia de su propio funcionamiento, pero hoy en día es un problema generalizado el aporte excesivo de nutrientes por escorrentía de campos tratados con abonos, por vertidos directos, etc. El proceso de enriquecimiento en nutrientes se llama eutrofización. Cuando las aguas se eutrofizan se producen una serie de efectos en cadena: primero aumenta mucho la productividad, pues los organismos acuáticos disponen de mayor cantidad de alimento; aumenta por tanto la cantidad de fitoplancton, pero cambian los tipos de algas: disminuye la cantidad de diatomeas, aumentan las clorofíceas y al final llegan a predominar sobre todas las demás las cianofíceas; en conjunto, además, disminuye la diversidad. Las clorofíceas, en su metabolismo, producen más oxígeno y nitrógeno del que puede disolverse en el agua, por lo que escapa a la atmósfera; al cabo del tiempo el agua ya no contiene la cantidad de N que sería necesario para tanta cantidad de algas, por lo que acaban predominando las cianoficeas, porque pueden fijar el nitrógeno atmosférico, mientras que el resto de algas no. Por haber mucho fitoplancton puede haber también muchos consumidores, así que de momento aumenta también la cantidad de animales (consumidores), peces incluidos, por lo cual, en principio, todo el sistema parece enriquecerse. La muerte natural del fitoplancton hace que haya mucha acumulación de materia orgánica en el fondo, lo cual hace que disminuya la cantidad de oxígeno disuelto, puesto que es utilizado en su mineralización; incluso puede llegar a agotarse el oxígeno disuelto, dándose condiciones de anaerobiosis en las zonas profundas. Las condiciones de anaerobiosis son muy negativas para el medio, porque se empiezan a producir fermentaciones, con desprendimiento de gases como SH_2, CH_4, NH_3, y otros, que, además de poder ser tóxicos, producen malos olores. Además, si el oxígeno se agota, los animales no pueden respirar y se dan grandes mortandades de peces. El burbujeo de gases en el fondo puede provocar el reflote de la materia orgánica acumulada, y el problema de anaerobiosis puede trasladarse a la superficie. En contraste, las aguas oligotróficas tienen poca productividad, poca cantidad de fitoplancton, pero mucha más diversidad y menos o ningún problema de este tipo.

— **Compuestos orgánicos**. Aparecen sobre todo como consecuencia de vertidos de aguas residuales de todo tipo y de desechos industriales, en especial de papeleras, mataderos, industria alimentaria y ganadería estabulada. El problema que crean estos compuestos se deriva del hecho de que son residuos que requieren oxígeno para descomponerse, por eso aumentan la demanda biológica o bioquímica de oxígeno (DBO) del agua. Al aumentar la DBO, naturalmente, se consume el oxígeno disuelto, con lo que se puede llegar a situaciones de anaerobiosis, cuyas consecuencias ya hemos resumido anteriormente. El aporte de materia orgánica se pone de manifiesto por los cambios que se dan en los microorganismos que pueblan las aguas: aparecen los llamados polisaprobios y α- y β-mesosaprobios en lugar de los oligosaprobios que dominan en las aguas sin aportes de materia orgánica.

— **Sustancias químicas en general**. Pueden ser sustancias radiactivas, tóxicas, olorosas, acidificantes, salinizadoras, etc. Es decir, los efectos que producen pueden ser variadísimos puesto que variadísima puede ser su composición. Por ejemplo, las sustancias radiactivas se bioacumulan; los detergentes producen espumas (barrera a luz y gases atmosféricos) y aportan polifosfatos (eutrofización); los plaguicidas, aunque algunos se degradan, también se acumulan y magnifican en la cadena alimentaria, y todos son tóxicos; los metales pesados son persistentes (evidentemente no pueden degradarse), se acumulan en los seres vivos y son tóxicos.

— **CO_2**. El dióxido de carbono que contiene el agua natural procede del aire disuelto. El CO_2 es 35 veces más soluble en agua que el O_2, pero como es mucho menos abundante la cantidad final de CO_2 en el agua es menor que la de O_2. Aportes externos de CO_2 directos o por sustancias que lo desprendan, puede provocar bajada del pH y acidificación del agua; el principal problema que conlleva la acidificación del agua es que provoca la liberación de los metales tóxicos que pueda haber en el fondo, como por ejemplo, el aluminio.

— **Agentes patógenos**. Su aporte a las aguas es a través de aguas residuales urbanas o agrícolas y su peligro es que producen enfermedades de todo tipo. Para controlar o descubrir la presencia de patógenos en las aguas, se suele hacer medida de coliformes (*Escherichia coli* y afines), porque en las heces las hay en cantidades enormes, millones por mm, y, como desaparecen pronto, si se encuentran en el agua pueden ser indicadoras de que ha habido descargas de aguas fecales y por tanto de que existe la posibilidad de otros agentes patógenos.

— **Temperatura**. El aumento en la temperatura del agua puede deberse a motivos variados: vertidos de agua empleada en refrigeración en industrias ribereñas, tala de la vegetación de ribera, que normalmente da sombra, etc. Incluso un pequeño aumento de temperatura puede provocar cambios en la biología de muchos animales, sobre todo de los peces, que aumentan su nivel de metabolismo y consumen más oxígeno. Pero también al aumentar la temperatura disminuye la solubilidad de los gases, por lo que la disminución de oxígeno disuelto es todavía más grave.

La menor cantidad de gases disueltos disponibles hace que disminuya la capacidad de fotosíntesis de los productores primarios y, como consecuencia, la disponibilidad de materia orgánica para los consumidores es menor; en suma, se desequilibra la cadena trófica. Por otra parte, el aumento de temperatura suele favorecer la estratificación del agua (en aguas lénticas), pudiendo llegar a agotarse el oxígeno en profundidad, creándose condiciones de anaerobiosis de fondo, con las consecuencias más arriba reseñadas.

En resumen, por lo que se refiere a las algas, la contaminación de las aguas superficiales, en su conjunto, puede afectar a las algas a dos niveles:

— Inhibición de variados procesos metabólicos y fisiológicos a los organismos de forma individual.

— Alteración de la estructura y el funcionamiento de las comunidades de algas.

Además de estos efectos inmediatos que se dan en el propio ecosistema acuático y las repercusiones económicas que esto pueda tener (por ejemplo, disminución de la pesca), cuando las aguas se contaminan cambian sus posibilidades de uso. Hoy en día existe gran cantidad de normativas, leyes, directivas de la CEE, reglamentos y toda clase de elementos jurídicos para regular la calidad de las aguas. Además de los niveles que se regulan por ley, hay una serie de criterios más amplios o generalistas que se refieren a las posibilidades de uso de aguas en función de ciertos factores. A continuación, en la Tabla 2.2, señalamos algunos.

Tipo de uso	**Estado trófico requerido**	**Estado trófico tolerado**
Abastecimiento H_2O		
–para bebida	oligotrófico	mesotrófico
–para baño	mesotrófico	ligeramente eutrófico
Transvase de H_2O:		
–con largas conducciones	– – –	mesotrófico
–sin largas conducciones	mesotrófico	– – –
Abastecimiento H_2O		
–para industrias	mesotrófico	ligeramente eutrófico
–refrigeración	– – –	eutrófico
Deportes acuáticos (excepto baño)	mesotrófico	eutrófico
Paisaje de áreas recreativas	– – –	ligeramente eutrófico
Riego	– – –	fuertemente eutrófico
Producción energía	– – –	fuertemente eutrófico

Tabla 2.2: *Estado trófico requerido y tolerado para diversos usos.*

La CEE ha establecido criterios para vigilancia de vertidos a cauces de agua que puedan implicar cambios en los valores de ciertos parámetros, por ejemplo los que figuran en la Tabla 2.3.

Parámetro	**Zona de salmónidos**	**Zona de ciprínidos**
T (°C)	1,5*	3*
	21,5**	28**
OD (mgr/l)	> 9	> 7
pH	6 - 9	6 - 9
materias en suspensión (mgr/l)	< 25	< 25
DBO_5	< 3	< 6
nitritos	< 0,01	< 0,03
* no debe superarse la temperatura natural del agua		
** no debe superarse la temperatura máxima del agua		

Tabla 2.3: *Valores que deben mantenerse para algunos parámetros cuando se vierten sustancias a las aguas de los ríos. Obsérvese cómo, en general, los requisitos son más estrictos para la zona de salmónidos.*

UTILIZACIÓN DE LAS ALGAS COMO ORGANISMOS BIOINDICADORES

Hemos visto en el apartado de introducción como la alteración de las características de las aguas superficiales se manifiesta en sus poblaciones de algas provocándoles cambios, tanto a nivel individual o específico como a nivel de comunidades.

Sin embargo, aunque hemos hablado hasta ahora de ciertas sustancias o fenómenos como contaminantes, hay que tener en cuenta que estos no siempre son perjudiciales, por diversos motivos:

— Algunas sustancias que son contaminantes en concentración alta, son, sin embargo, elementos indispensables para las algas (oligoelementos o micronutrientes), por lo que es beneficiosa su presencia en el agua siempre que sea a bajas concentraciones.

— Algunas algas pueden protegerse de los contaminantes acumulándolos en algún lugar de la célula que no pueda ser afectado por el contaminante en cuestión.

— Algunas algas pueden colaborar en la descomposición de algunos compuestos, como pesticidas y otros compuestos orgánicos.

— La respuesta de las algas no es siempre igual, hay algunas algas que son resistentes a los contaminantes mientras que otras son sensibles.

Pero, naturalmente, si los contaminantes están en altas concentraciones las algas por lo general ya no pueden tolerarlos, por lo que resultan tóxicos para la mayoría de las especies y sólo favorecen el crecimiento de unas pocas resistentes. Invariablemente, las comunidades cambian y baja la diversidad.

De entre todo el amplio abanico de algas acuáticas, las que forman parte de las comunidades lénticas y los organismos sedentarios son las que suelen ser más afectadas, en contraposición a las comunidades lóticas y los organismos móviles respectivamente. Así mismo, entre las algas marinas de la costa, las que se encuentran en la zona sometida a las mareas, son más sensibles que las del nivel infralitoral o de mar abierto.

La utilización de las algas como organismos bioindicadores se remonta a muchos años atrás: ya en 1908 y 1909 Kolkwitz y Marsson hablaron de los microorganismos (no sólo algas) que caracterizaban las aguas en relación con su polución. Liebmann (1962) se basó en sus trabajos y definió ya el «sistemas de los saprobios» que era una aproximación al uso de índices bióticos cualitativos. El uso de las algas como bioindicadores de la contaminación o de la calidad del agua continúa desde entonces. Más recientemente se empieza a considerar también la utilidad de las algas como microorganismos activos en la depuración de aguas residuales, por su capacidad para oxigenar los efluentes y favorecer por tanto la descomposición aerobia de la materia orgánica y por su capacidad para absorber y acumular algunos contaminantes que así son eliminados de las aguas residuales.

Trataremos a continuación de estos temas, así como de algunos detalles del efecto de algunos contaminantes en concreto.

LAS ALGAS MARINAS Y LA CONTAMINACIÓN DEL MAR

Cambios en las comunidades de algas

Los estudios que se refieren a las algas marinas y a la contaminación se centran sobre todo en el reconocimiento de las variaciones que se dan en la composición florística y en la estructura de las comunidades algales como consecuencia de la contaminación, así como en aspectos de la dinámica de las poblaciones, relativos especialmente a la colonización y sucesión que se da en ambientes contaminados.

Las investigaciones de López Rodríguez *et al.* (1994 a y 1994 b) nos servirán de referencia para comentar los principales fenómenos que suceden en las comunidades de algas marinas debidos a la contaminación. Estos autores han evaluado el grado de impacto causado por la contaminación en las algas bentónicas de las Rías gallegas, para lo que han hecho un seguimiento de las comunidades de *Fucus vesiculosus* y *Fucus spiralis* en dos zonas; una de ellas, en la ría de Pontevedra, elegida como localidad contaminada, se encontraba próxima al colector de una fábrica de pasta de papel y cloro-sosa, cuyos principales vertidos son materia orgánica, metales pesados, organoclorados, ligninas y ácidos diversos, mientras que la otra, en la ría de Muros-Noia, se consideraba localidad sin contaminación. Estos autores han estudiado la composición de las comunidades mediante inventarios florísticos y la colonización y sucesión a lo largo de un año después de denudar con espátula en ambos lugares cuadrados de 20 x 20 cm y esterilizar con soplete. Los resultados que obtuvieron están, en su opinión, de acuerdo con lo que otros investigadores en España, Suecia, Noruega, India, Australia, etc., habían encontrado anteriormente, y que permiten afirmar que la contaminación influye bastante en las comunidades de algas.

Por lo que se refiere a la colonización, ésta comienza a los dos meses en las zonas contaminadas, mientras que en las no contaminadas comienza a partir del sexto mes. Se supone que la influencia de la contaminación es a través de los aportes de nutrientes y materia orgánica, que estimulan o favorecen el crecimiento de algunas algas. Otros autores como Rueness (1973) en Noruega también habían encontrado resultados parecidos. Las primeras algas que aparecen son clorofíceas y cianofíceas, que son las que predominan al 2º mes en las zonas contaminadas; después esta vegetación es sustituida por feofíceas. En esto también están de acuerdo con el investigador noruego citado y con otros españoles. En cuanto a la recuperación, en la localidad no contaminada, en un año no se alcanza el nivel inicial. Varios trabajos citan como tiempo mínimo para la recuperación de comunidades maduras dos años.

Los inventarios florísticos reflejan diferencias bastante profundas entre las comunidades de algas de las zonas contaminadas y las de las zonas no contaminadas. Casi siempre en la literatura se encuentran referencias a efectos generales, como son los cambios en la diversidad específica y en la composición florística. Por ejemplo, se suelen dar explosiones demográficas de especies oportunistas y, si la contaminación es lo suficientemente fuerte, desciende la biomasa.

Las localidades contaminadas son más ricas en especies que las no contaminadas, en ellas hay mayor diversidad específica. Sobre todo aumentan las proporciones de clorofíceas y cianofíceas, cuyo número es en la zona contaminada prácticamente el doble que en la no contaminada. Muchas de estas especies son epífitas, por lo que paralelamente aumenta el nivel de epifitismo en las localidades contaminadas. La presencia de muchos epífitos sobre un mismo talo resulta perjudicial para el forófito, porque se establece una fuerte competencia por la luz y por los nutrientes. El alga portadora acaba debilitándose, se reduce su crecimiento y su vitalidad y puede acabar muriendo y desprendiéndose por el empuje de las olas o mareas. El espacio vacío que deje será colonizado de nuevo por algas verdes o azules.

Investigadores en diversos países indican que las algas verdes son unas veces estimuladas o favorecidas por los vertidos clorados, mientras que hay algunos géneros, como *Ulva*, *Enteromorpha* y *Rhizoclonium* que son resistentes a la contaminación, debido a su gran capacidad reproductora y a su alta tasa de crecimiento.

En cuanto a las rodofíceas, su mayor riqueza específica se da en la zona no contaminada, igual que citan otros autores para costas de Finlandia y Australia. Todos opinan que la disminución de algas rojas en algunos lugares puede considerarse un buen indicador de eutrofización del agua. Probablemente las algas rojas son las más sensibles al descenso de la transparencia del agua por causa de la contaminación, a las partículas en suspensión y al aumento de la sedimentación. En localidades contaminadas es fácil ver, sobre todo en marea baja, cómo las algas están recubiertas por una fina película de fango. En algunos casos esta sedimentación puede, además de retardar o impedir el crecimiento de las algas rojas, estimular el de las cianofíceas.

En los estudios acerca de biomasa, unas comunidades son más sensibles que otras. Las de *F. spiralis* tienen prácticamente la misma biomasa en localidades contaminadas y no contaminadas, pero en la de *F. vesiculosus* tiene gran variación, pues la biomasa en la zona contaminada es prácticamente la mitad que en la no contaminada. Esto puede deberse a que los contaminantes clorados afectan al crecimiento de las algas pardas, de hecho los ejemplares de la zona contaminada son de pequeño tamaño. En la Tabla 2.4 aparecen algunos de los valores obtenidos en el trabajo de López Rodríguez *et al.* (1994 a).

Tipo de algas	**Comunidad de *F. vesiculosus***		**Comunidad de *F. spiralis***	
	zona contaminada	**zona no contaminada**	**zona contaminada**	**zona no contaminada**
Feofíceas	13	7	3	4
Clorofíceas	13	5	8	4
Rodofíceas	21	17	2	3
Cianofíceas	9	0	9	5
Epífitos	25	14	9	5
Biomasa	289,59	665,38	381,62	382,46

Tabla 2.4: *Algunos valores obtenidos en comunidades contaminadas y no contaminadas de Fucus vesiculosus y F. spiralis. Los números, excepto el de biomasa, corresponden al número de especies de cada grupo. La biomasa se da en gramos de materia seca por* m^2 *de superficie* (Tomado de López Rodríguez *et al.*, 1994 a).

En resumen, de todos los trabajos, parece deducirse que los efectos de la contaminación se manifiestan por los siguientes fenómenos:

— aumento de la proporción de clorofíceas y cianofíceas;

— disminución en la proporción de rodofíceas;

— las feofíceas disminuyen su tamaño;

— aumenta el nivel de epifitismo.

Cualquier observación de este tipo, al igual que una abundancia clara de algunas especies de *Ulva* o *Enteromorpha*, que son las más favorecidas por la contaminación, pueden ser por tanto indicadoras de contaminación en el agua del mar.

Índices C/F y R/F

Como los cambios en la abundancia de especies de los distintos grupos de algas es muy indicativa, se han utilizado unos índices muy simples, como son los cocientes:

C/F (nº de especies de clorofíceas / nº de especies de feofíceas)

R/F (nº de especies de rodofíceas / nº de especies de feofíceas

El índice C/F sirve como indicador de la contaminación y permite además comparar distintas zonas entre sí, mientras que el índice R/F se usa más para interpretar las características biogeográficas de las costas, pues es sabido que las algas rojas predominan en aguas cálidas, mientras que las feofíceas están favorecidas por las aguas frías.

Lugar	**R**	**F**	**C**	**R/F**	**C/F**
Costa vasca española	256	79	64	3,24	0,81
Ría de La Coruña	187	75	47	2,48	0,63
Zumaya	37	15	8	4,63	0,53
Marruecos	197	63	65	3,13	1,03
Costa vasco-francesa	---	---	---	4,3	0,89
Sur de Portugal	233	82	---	2,84	---
Cantábrico central	218	104	---	2,10	---
Roscoff (Francia)	266	161	---	1,65	---
Islandia	---	---	---	0,2-0,7	---
Groenlandia	---	---	---	0,56	---
Noruega	---	---	---	1,2	---
Gran Bretaña	---	---	---	1,6	---
Gijón	---	---	---	2,4	---
Costa portuguesa	---	---	---	2,51	---
Costa francesa mediterránea	---	---	---	3,05	---
Cádiz	---	---	---	3,25	---
Golfo de Nápoles	---	---	---	5,5	---
Túnez	---	---	---	8,7	---

Tabla 2.5: *Número de especies de algas rodofíceas (R), feofíceas (F) y clorofíceas (C) y valores de R/F y C/F para distintas costas del Mediterráneo y del Atlántico Norte.*

En la tabla 2.5 figuran valores de número de especies de estos grupos de algas y de los índices R/F y C/F recopilados de diversos trabajos. Puede observarse en ella cómo los valores del índice R/F varían desde 0,2 en Islandia hasta 8,7 en Túnez. El valor va aumentando hacia el sur de Europa, con máximos en España hacia el golfo de Vizcaya y hacia las costas mediterráneas. Este índice, por reflejar o no el predominio de algas ligadas a aguas cálidas, da idea de la temperatura del agua del mar localmente, al tiempo que puede servir para interpretar o descubrir movimientos del agua marina, tales como brazos de corrientes cálidas o frías. También puede servir para comparar distintas zonas. En cuanto al índice C/F, como ya hemos dicho, se emplea como indicador de la contaminación. Puede verse en la tabla 2.5 que, con independencia del cambio de valores absolutos del número de algas en los distintos grupos, el índice C/F cambia relativamente poco, oscila entre 0,53 y 1,03, con valor medio de 0,78.

Un ejemplo de la variación de los índices en función de la calidad del agua se puede ver en el trabajo de Valle (1981), que se realizó en Santoña (Santander). Se muestrearon algas bentónicas en tres puntos de la costa (Fig. 2.1). De la determinación del material recolectado se obtuvieron los datos que figuran en la Tabla 2.6.

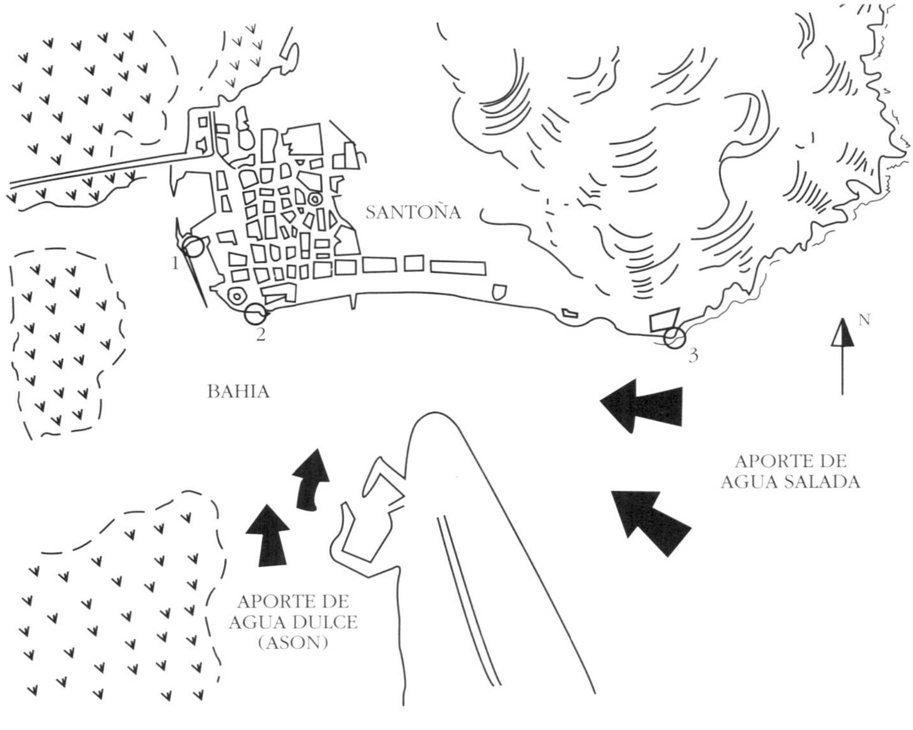

Fig. 2.1: *Plano de la localidad de Santoña, donde se señalan los tres puntos de muestreo. El 1 corresponde al puerto de la localidad, muy contaminado y de aguas cálidas; el 2 es la playa, situada enfrente de la desembocadura del río Asón, que aporta agua fría, menos contaminada que la del punto 1; el 3 es mar abierta, en condiciones normales* (Tomado de Valle, 1981).

Zona	Rodofíceas		Feofíceas		Clorofíceas		Índices	
	nº especies	%	nº especies	%	nº especies	%	R/F	C/F
1	8	40	2	10	10	50	4	5
2	9	37,5	5	20,8	10	41,6	1,8	2
3	37	58,7	10	15,9	16	25,4	3,7	1,6

Tabla 2.6: *Se indican los valores de número de especies y porcentajes de algas rojas, pardas y verdes en los tres puntos de muestreo señalados en la Fig. 2.1, así como los valores de los índices R/F y C/F* (Basado en Valle, 1981).

En la Tabla 2.6 puede observarse cómo en la zona de muestreo 1 el predominio corresponde a las clorofíceas, mientras que en la zona 3 corresponden los valores más altos a las rodofíceas. En la zona 2, aunque el número de clorofíceas sigue siendo el mayor, el aumento de feofíceas provoca un descenso relativo en el porcentaje de algas verdes. En la zona 3, aunque se de un nuevo aumento en el número de especies de algas verdes, las pardas y las rojas aumentaron mucho más, por lo que el porcentaje de clorofíceas disminuye mucho. El predominio de algas verdes en la zona 1 parece indicar que ese debe ser el más contaminado de los tres. Esto se ve confirmado con los índices C/F, pues parece claro que la zona 1 está muy contaminada, mientras que las zonas 2 y 3 están sucesivamente menos contaminadas. Por su parte, el índice R/F indica que las zonas 1 y 3 deben tener una temperatura del agua más o menos parecida, mientras que la zona 2 debe ser más fría.

ALGAS DE AGUA DULCE Y CONTAMINACIÓN

Variaciones en la composición florística de las aguas

Las algas de agua dulce, ante la contaminación, responden de forma similar a las de agua de mar: se producen cambios en el tipo de algas y en la estructura de las comunidades.

La mayoría de las algas de agua dulce son microscópicas, lo cual, unido al gran número de especies que existen, crea un problema a la hora de utilizarlas como bioindicadoras de la calidad del agua, pues hace falta ser bastante experto para reconocerlas. Además, en ambientes dulceacuícolas, se dan de forma natural cambios en las poblaciones de microalgas a lo largo del año, debido a factores que no tienen nada que ver con el hecho de que haya o no contaminación.

Por otra parte, este grupo vegetal no se conoce todavía en profundidad, aunque algunos grandes ecólogos, como R. Margalef, de la Universidad de Barcelona, se han dedicado a su estudio durante muchos años. Lo que ocurre es que las algas de agua dulce componen un grupo muy variado y son necesarias más investigaciones de base.

En los últimos años se han hecho bastantes trabajos en dos vertientes: por un lado tratando de conocer las sucesiones estacionales naturales en ambientes acuáticos y los factores que pueden ser causantes de las mismas, y por otro tratando de relacionar los porcentajes de los distintos grupos con las características fisicoquímicas del agua en que viven.

- Según Vidal (1973), recogido por Margalef (1983), los principales grupos de algas en el embalse de Sau van sucediéndose así: Las diatomeas dominan en invierno y primavera, y son sustituidas en verano por las clorofíceas, que pasan a ser el grupo mayoritario; su predominio se extiende también al otoño. Las cianofíceas se desarrollan sólo en verano y otoño y nunca llegan a ser dominantes. Puede observarse la distribución temporal de éstos y otros grupos de algas en la Fig. 2.2.

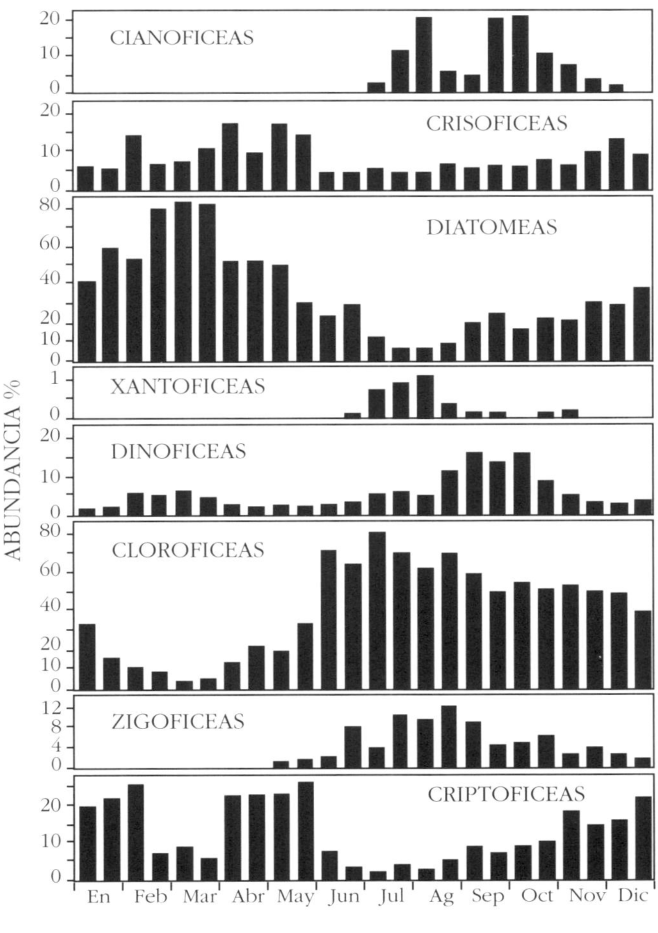

Fig 2.2: *Ciclo anual de los principales grupos de algas del embalse de Sau, expresando las cantidades de cada uno en porcentaje* (Según Vidal, 1973, tomado de Margalef, 1983).

- Noguerol Seoane (1994) estudió la sucesión de algas en una charca temporal, relacionando los cambios con algunos parámetros físicos como pH, temperatura y nivel del agua en la charca. Los resultados que obtuvo le permiten concluir que las algas más abundantes y constantes son *Zygnema* y *Vaucheria*; las diatomeas y las cianofíceas sólo están presentes a temperaturas bajas y desaparecen al aumentar la temperatura; otras sin embargo, como la crisofícea *Chrysococcus*, la euglenofícea *Euglena* y alguna clorofícea, sólo proliferan cuando aumenta la temperatura; la cobertura parece depender de la duración del día, pues según van siendo los días más largos disminuye la cobertura. Estos resultados, hasta cierto punto, están de acuerdo con los anteriores.

- Otro ejemplo, en este caso de sucesión estacional de algas en ecosistemas lóticos, es el de Estevez *et al.* (1984), que estudiaron el río Manzanares cerca de Madrid, muestreando algas en sustratos naturales: arena, limo y juncos. La sucesión que encuentran es de tipo diatomeas → clorofíceas → diatomeas + cianofíceas. Utiliza para ver como es la sustitución de unas algas por otras la «tasa de sustitución», que se calcula según la fórmula:

$$T_s = \frac{1/J}{t_1 - t_2}$$

  siendo J el índice de Jaccard de similaridad entre dos muestreos sucesivos y $t_1 - t_2$ el tiempo transcurrido entre los dos muestreos sucesivos en días. Cuanto más alta sea la tasa de sustitución más fuertes son los cambios. Obtienen gráficas del tipo a la que aparece en la Fig. 2.3, en las que queda reflejado cómo van sucediéndose las especies a lo largo del tiempo en los distintos sustratos y analizan a qué se deben los cambios más importantes, que, como puede apreciarse, se dan en primavera y en verano. Interpretan que los cambios se deben fundamentalmente a cambios en el caudal, la iluminación y el contenido en materia orgánica. En invierno y en primavera el agua está casi estancada y predominan cianofíceas, euglenas y diatomeas; en verano aumenta el caudal y baja el contenido en materia orgánica por desagüe de un embalse aguas arriba y pasan a dominar las clorofíceas; hacia el otoño vuelven a desarrollarse diatomeas y cianofíceas.

- Sanchez Castillo *et al.* (1989) estudiaron el fitoplancton de lagunas de alta montaña, tanto su sucesión como su relación con características fisicoquímicas del agua. Como las lagunas están situadas entre 2.800 y 3.100 m de altitud, sólo están desheladas durante 5 - 6 meses, que es el tiempo que dura el estudio. Presenta figuras del tipo de la que aparece en la Fig. 2.4.

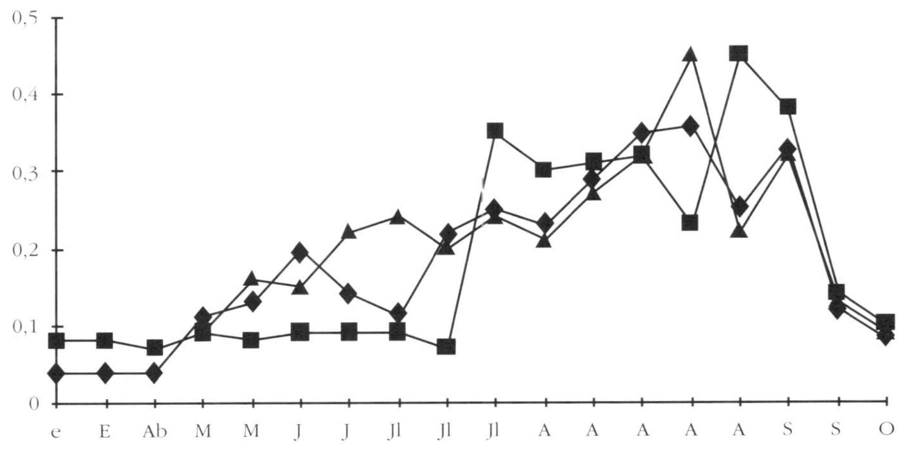

Fig. 2.3: *Sucesión estacional en una zona del río Manzanares. En ordenadas se representa el valor de la tasa de sustitución, en abcisas los sucesivos meses de muestreo, de enero a octubre.* ◆ *muestras tomadas en limo;* ▲ *muestras tomadas en arena;* ■ *muestras tomadas en juncos* (Basado en Estévez *et al.* 1984).

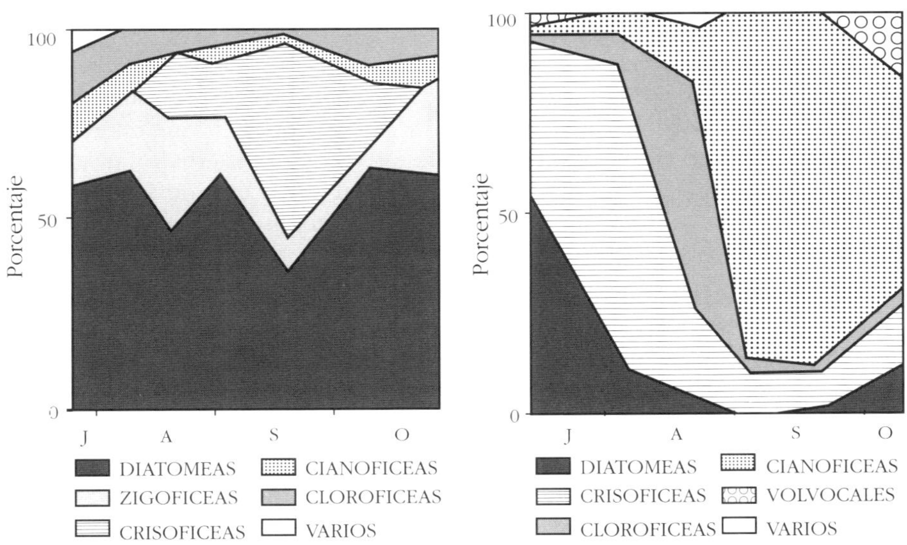

Fig. 2.4: *Variaciones en la estructura de las comunidades algales en dos lagunas de Sierra Nevada* (Tomado de Sánchez Castillo *et al.*, 1989).

- García *et al.* (1984) estudiaron la sucesión estacional en el fitoplancton en la albufera de Valencia, con aguas de características hipereutrofas y ven que siempre dominan las cianofíceas, aunque en primavera se produzca un mínimo de cianofíceas (44 %) y toman fuerza las clorofíceas (35 %). Las diatomeas en verano prácticamente desaparecen. Las aguas eutrofas son riquísimas en individuos, aunque la diversidad es muy baja; en agosto se da la mayor cantidad de organismos, que cae bastante bruscamente en septiembre y se mantiene mínimo en invierno y primavera. En la Fig. 2.5 se aprecian algunos de sus resultados.

- No todos los investigadores están de acuerdo en señalar que las cianofíceas dominan en ambientes eutrofos. Por ejemplo, De la Rosa *et al.* (1991), que también trabajan sobre sistemas eutrofos, en este caso del sur de España, indican que en esos sistemas el fitoplancton está constituido prácticamente por clorofíceas, aunque las cianofíceas pueden tener una ligera importancia en invierno.

Otros investigadores hablan en sus trabajos más concretamente de las relaciones entre características del agua y composición de la flora algal. Por ejemplo:

- Ubierna León *et al.* (1991), indican que en el bentos de lagunas con aguas fuertemente carbonatadas y con materia orgánica predominan las diatomeas y las euglenas, mientras que en las de aguas con alta concentración de cloruros y sulfatos, o sea, en aguas salobres, dominan las diatomeas.
- Comas *et al.* (1991) han estudiado 33 estanques artificiales en Mallorca. Encuentran en total 104 especies de algas, de las que el 40 % son diatomeas, el 30 % clorofíceas, el 14 % cianofíceas y el 10 % zygnematales. Estos valores podrían considerarse «normales». Como estudian varias características fisicoquímicas del agua, pueden deducir que en aguas salobres con alto contenido en cloruros predominan las diatomeas y baja la diversidad; las zygnematales predominan en las que tienen mayor contenido en sulfatos; las cianofíceas se presentan con mayor abundancia en aguas con pH elevado.
- Cambra (1991) ha estudiado sistemas lacustres de la España mediterránea con mucha profundidad. Ha encontrado 670 taxones, con los siguientes porcentajes: 39 % diatomeas, 21 % clorofíceas, 13 % zygnematales y 12 % cianofíceas. Los porcentajes son bastante parecidos a los anteriores y también podrían considerarse «normales».

En resumen, de todos los trabajos comentados, se pueden extraer algunas conclusiones, porque hay resultados bastante coincidentes en todos ellos, como por ejemplo, las siguientes:

— La mayoría de los ecosistemas dulceacuícolas presentan sucesiones estacionales en las que primero dominan las diatomeas, que son sustituidas por clorofíceas en verano, mientras que las cianofíceas son más abundantes hacia el otoño.

— Las composiciones medias, que podrían considerarse «normales» son:

Cianofíceas: 12 a 14 %
Diatomeas: 39 a 40 %

Clorofíceas: 21 a 30 %
Zygnematales: 10 a 13 %

— Algunos grupos aumentan su representación en función de algunas características del agua:
Aguas eutrofas → dominan cianofíceas
Aguas salobres con cloruros y sulfatos → aumentan diatomeas
Aguas salobres con sulfatos → aumentan zygnematales
Aguas carbonatadas y con materia orgánica → aumentan diatomeas y euglenas
Aguas alcalinas → aumentan cianofíceas

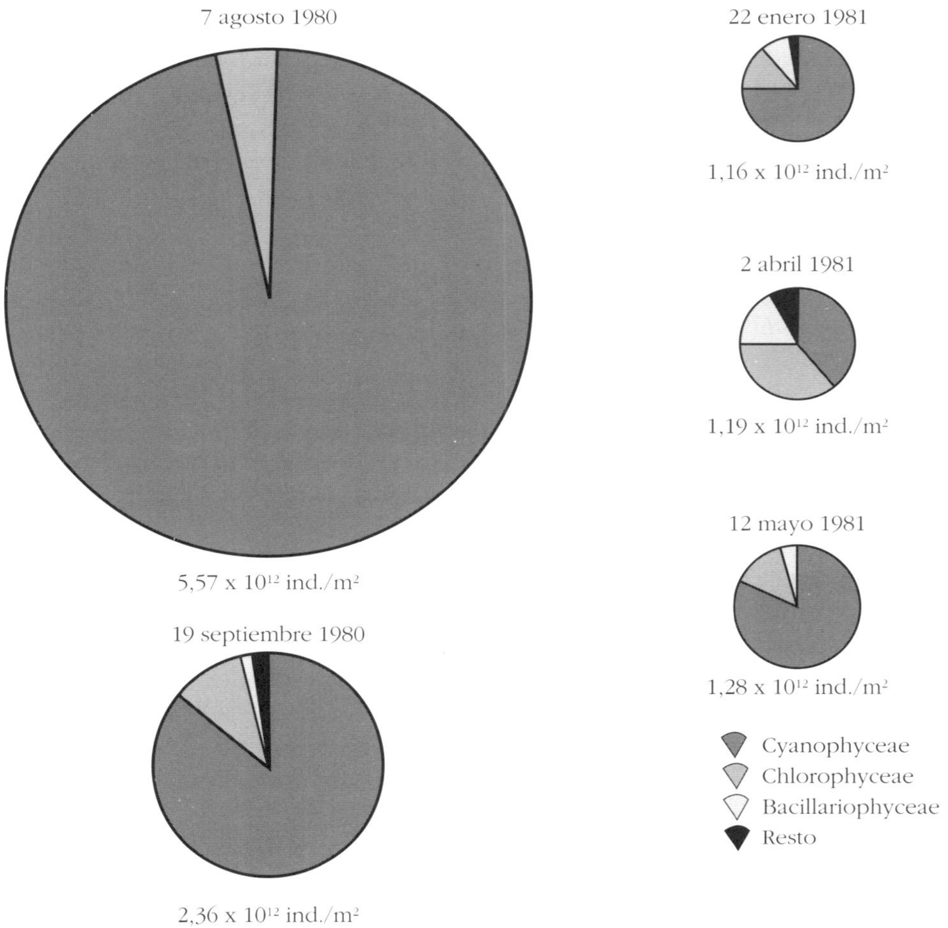

Fig. 2.5: *Variación estacional de los principales grupos de algas en la Albufera de Valencia. El radio del círculo y el ángulo de los sectores son proporcionales al número total de organismos y al porcentaje de cada grupo de algas respectivamente* (Basado en García *et al.* 1984).

Margalef (1983), basándose en datos de varios autores, cita algunos de los géneros más comunes en aguas de lagos con distintos grados de trofía. Estos son algunos de ellos:

— En lagos oligotróficos, de aguas poco mineralizadas: muchas desmidiáceas como *Staurastrum*, *Cosmarium* y *Staurodesmus*, las diatomeas *Melosira* y *Tabellaria* y las crisofíceas *Dinobryon* y *Uroglena*. Las poblaciones son poco densas y la tasa de renovación baja.

— En lagos de oligotróficos a mesotróficos, de aguas poco mineralizadas: comunidades muy parecidas a las del caso anterior, añadiéndose, entre otras, las diatomeas *Fragillaria crotonensis*, *Asterionella formosa* y *Melosira italica*, las clorofíceas *Volvox* y *Trachelomonas* y las cianofíceas *Anabaena* y *Aphanizomenon*.

— En lagos mesotróficos a eutróficos, de aguas poco mineralizadas: se desarrollan las cianofíceas mencionadas en el grupo anterior y aparecen las clorofíceas *Chlorella*, *Oocystis* y *Botryococcus*.

— En lagos oligotróficos, de aguas mineralizadas, ricas en calcio y alcalinas: aparece la diatomea *Cyclotella*, las dinofíceas *Peridinium* spp., *Ceratium hirundinaria* y *Ceratium cornutum*.

— En lagos mesotróficos, de aguas moderadamente mineralizadas: muchas diatomeas, como *Stephanodiscus*, *Melosira granulata*, *Asterionella formosa*, *Fragillaria crotonensis* y *Synedra acus* y, en verano, muchas clorofíceas y algunas cianofíceas; entre las desmidiáceas permanece *Staurastrum*.

— En lagos eutróficos, de aguas moderadamente mineralizadas: hay proliferaciones sucesivas de especies prácticamente cosmopolitas, entre las que destacan algunas clorofíceas pequeñas como *Microcystis*.

Índices bióticos

Como se puede deducir de todo lo dicho hasta ahora, no es fácil interpretar la flora algal de las aguas dulces. Quizá, para un experto en microalgas o microorganismos en general, puede ser más fácil utilizar índices bióticos, que están basados en primera instancia en el «sistema de los saprobios» de Liebmann que ya hemos nombrado antes.

El sistema de los saprobios se basa en la observación repetida de que los microorganismos acuáticos tienen distinta capacidad para desarrollarse en función del contenido en materia orgánica del agua. Se establece así una gradación: polisaprobios, α-mesosaprobios, β-mesosaprobios y oligosaprobios en función de su mayor o menor apetencia por la materia orgánica.

Los cambios que se suceden en un ecosistema acuático cuando se produce una descarga con materia orgánica son los que aparecen en los esquemas de la Fig. 2.6, que sirven para comprender cómo pueden reaccionar los microorganismos.

Aunque en abcisas se representa la distancia río abajo, la mayoría de las curvas serían similares en un sistema léntico, poniendo en lugar de distancia tiempo.

Puede observarse que uno de los efectos más marcados es que, junto al aumento de la DBO, se produce una disminución de oxígeno disuelto, por eso se ven favorecidos organismos capaces de alimentarse de materia orgánica, o sea los quimioorganotrofos, aerobios o anaerobios, en función de que quede o no oxígeno disuelto. Estos son los organismos polisaprobios. Por el contrario, cuando no hay mucha materia orgánica los organismos que pueden vivir son los fotoautotrofos, es decir las algas. Estos serían, en general, los organismos oligosaprobios.

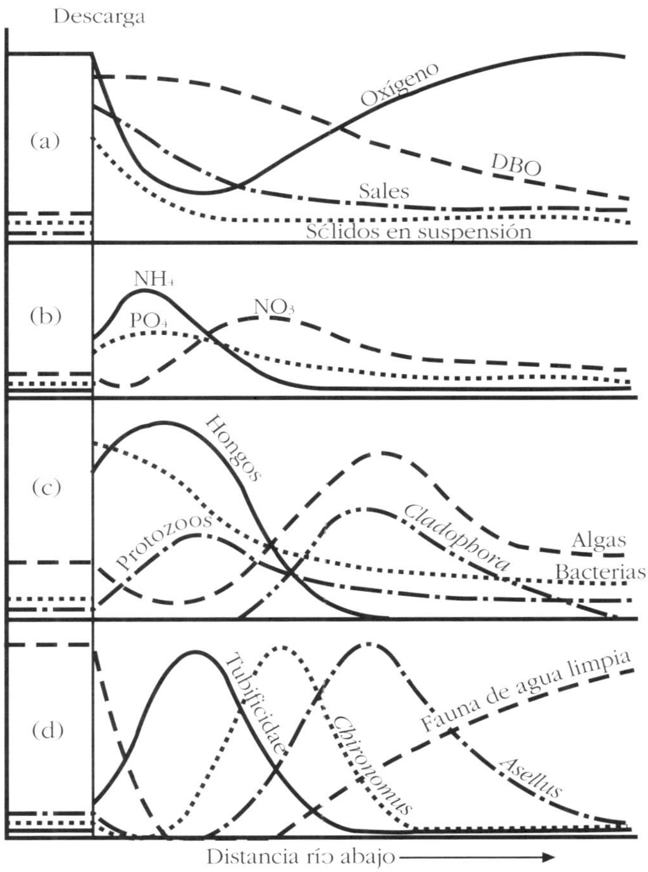

Fig. 2.6: *Efectos que produce una hipotética descarga de contaminación orgánica en un río. a y b, cambios físicos y químicos; c, cambios en microorganismos y d, cambios en organismos más grandes* (Basado en Hynes, 1960, según Spellerberg, 1993).

En conjunto, la caracterización de los distintos grupos de saprobios o zonas de saprobiedad puede ser así:

— **polisaprobios**: abundan las bacterias quimiorganotrofas aerobias o anaerobias. Hay pocas algas, entre las más abundantes se encuentran algunas cianofíceas.
— α–**mesosaprobios**: hay menos bacterias, aparecen protozoos y las algas son más abundantes. Empieza a recuperarse el oxígeno por acción de las algas.
— β–**mesosaprobios**: prácticamente desaparecen todas las bacterias y aumentan mucho los autotrofos. La fauna se normaliza.
— **oligosaprobios**: desaparecen todas las bacterias y dominan totalmente los autotrofos.

En la tabla 2.7 se aprecian otros caracteres adicionales que caracterizan las zonas de saprobiedad o los organismos característicos de ellas:

Caracteres	**Oligosaprobios**	**α y β Mesosaprobios**	**Polisaprobios**
Oxigeno libre	> 5 mg/l	hasta 5 mg/l	cero o muy poco
Polución	muy poca o ausente	fuerte, pero disminuyendo	muy fuerte
Materia orgánica	poca o nada	empieza la mineralización	mucha
Sales de amonio	0,0-0,3 mg/l	0,3-2,0 mg/l	2,0-15 mg/l
Fosfatos	3,0-15 mg/l	1,0-3,0 mg/l	0,1-1,0 mg/l
Nitratos	5,0-50 mg/l	1,0-5,0 mg/l	0,0-1,0 mg/l
Nitritos	0,0-0,5 mg/l	0,5-1,0 mg/l	1,0-15 mg/l
DBO_5	2-4 mg/l	5-15 mg/l	15-100 mg/l
Bacterias por ml	menos de 10^3	10^3-10^6	mas de 10^6
Organismos dominantes	Flora y fauna diversa, normal, con algas y peces	Bacterias, protozoos, gusanos, rotiferos, algunas algas y carpas	Bacterias, hongos inferiores y muy pocas algas

Tabla 2.7: *Diversas características de las zonas de saprobiedad*. (Tomado de Catalán Lafuente *et al*., 1987).

Desde hace mucho tiempo se han ido estudiando los microorganismos acuáticos incluyéndolos en su grupo de saprobiedad, así que hoy en día existen listas muy amplias para poder caracterizar a una gran cantidad de especies (Ver, por ejemplo, Margalef, 1983 y 1986). La tabla 2.8 recoge algunas de las algas más comunes.

Tabla 2.8: *Especies de bacterias y algas más comunes en aguas de las distintas clases de saprobiedad* ⟹ *(agrupadas α– y β– mesosaprobios en una sola categoría).*

Organismos	**Polisaprobios**	**Mesosaprobios**	**Oligosaprobios**
Bacterias	*Beggiatoa alba* *Zooglea ramigera* *Methanobacterium* sp. *Desulfovibrio* sp.		
Cianofíceas	*Anabaena constricta* *Oscillatoria chlorina* *Oscillatoria putrida* *Spirulina jenneri*	*Lyngbia martensiana* *Microcystis aeruginosa* *Oscillatoria tenuis* *Oscillatoria brevis* *Oscillatoria limosa* *Oscillatoria formosa* *Phormidium automnale* *Anabaena flosaquae* *Merismopedia punctata* *Gleotrichia echinulata*	*Tolypothrix distorta* *Calothrix parietina* *Phormidium inundatum* *Phormidium papiraceum* *Chamaesiphon incrustans* *Calothrix braunii*
Criptofíceas		*Cryptomonas erosa* *Chilomonas paramecium*	
Crisofíceas			*Mallomonas caudata* *Ochromonas vischeri* *Chrysococcus rufescens*
Diatomeas		*Diatoma elongatum* *Bacillaria paxillifer* *Navicula cryptocephala* *Hantzschia amphioxys* *Nitzschia hungarica* *Gomphonema parvulum* *Gyrosigma acuminatum* *Melosira varians* *Diatoma vulgare* *Fragillaria construens* *Synedra radians*	*Nitzschia palea* *Melosira granulata* *Meridion circulare* *Cymbella cesati* *Nitzschia linearis* *Pinnularia subcapitata* *Diatoma hiemale*
Xantofíceas			*Vaucheria debaryana* *Tribonema* sp.
Clorofíceas	*Polytoma uvella*	*Chlamydomonas ehrenbergi* *Gonium sociale* *Pandorina morum* *Eudorina elegans* *Phacotus lenticularis* *Enteromorpha intestinalis* *Closterium acerosum* *Closterium leibleni* *Cosmarium laeve* *Cosmarium botritis* *Tetraedron caudatum* *Scenedesmus quadricauda* *Scenedesmus bijuga* *Scenedesmus hystrix* *Selenastrum bibraianum* *Ankistrodesmus falcatus*	*Ulothrix zonata* *Pediastrum tetrax* *Coelastrum microporum* *Spirogyra fluviatilis* *Cladophora glomerata* *Closterium dianae* *Microspora amoena* *Draparnaldia* sp. *Rhizoclonium* sp. *Nitella gracilis*
Euglenofíceas	*Euglena viridis*	*Euglena* spp. *Phacus hispidulus* *Phacus tortuosus*	
Rodofíceas			*Batrachospermum* sp. *Lemanea annulata*

A) El índice sapróbico

El sistema de los saprobios puede ser utilizado como índice biótico cualitativo, porque la simple observación e identificación de los microorganismos indicadores de las distintas zonas de saprobiedad permiten deducir la calidad del agua. Así han sido utilizados en numerosas ocasiones. Pero también este sistema ha servido para introducir el uso de índices bióticos cuantitativos: a partir del sistema de los saprobios, Pantle y Buck (1955) desarrollaron el llamado índice sapróbico, que se calcula según la fórmula:

$$S = \frac{\sum (h.s)}{\sum h}$$

El significado de las letras en la fórmula es el siguiente:

— h es la «frecuencia» de cada especie presente en el muestreo y puede tener valores de 1, 3 ó 5, siendo 1 = poco frecuente, 3 = frecuente y 5 = muy frecuente;
— s es la «valencia sapróbica» de cada especie y puede tener valores de 1 a 4 según sea su grado de saprobiedad, siendo 1 = oligosaprobio, 2 = β–mesosaprobio, 3 = α–mesosaprobio y 4 = polisaprobio;
— S es el «índice sapróbico» de la estación.

El valor del índice sapróbico S está comprendido siempre entre 1 y 4 y permite estimar el grado de saprobiedad de las aguas o, lo que es lo mismo, el grado de contaminación orgánica que existe en cualquier agua, según los intervalos que figuran en la Tabla 2.9.

Valor de S	**Zona de saprobiedad**
< 1,5	oligosaprobio
1,5 - 2,5	β-mesosaprobio
2,5 - 3,5	α-mesosaprobio
> 3,5	polisaprobio

Tabla 2.9: *Zonas de saprobiedad a la que pertenece un agua en función del valor del índice sapróbico S.*

Representando los valores de este índice en estaciones de muestreo situadas a lo largo de un río se pueden hacer perfiles de contaminación, que tendrán un aspecto como el de la Fig. 2.7.

Aunque este índice es muy fácil de calcular y bastante indicativo, a la hora de utilizarlo se plantean algunos problemas, como son los siguientes:

— como la valencia sapróbica «s» se basa en datos bibliográficos, puede ocurrir que haya que despreciar algunas especies por no conocer su valencia, aunque sean realmente especies sensibles,

— los valores de frecuencia «h» son poco precisos; sobre todo quedan subestimadas las especies frecuentes y muy frecuentes frente a las poco frecuentes,

— es difícil reconocer todas las especies que pueden aparecer en las muestras,

— sólo tiene en cuenta la contaminación orgánica.

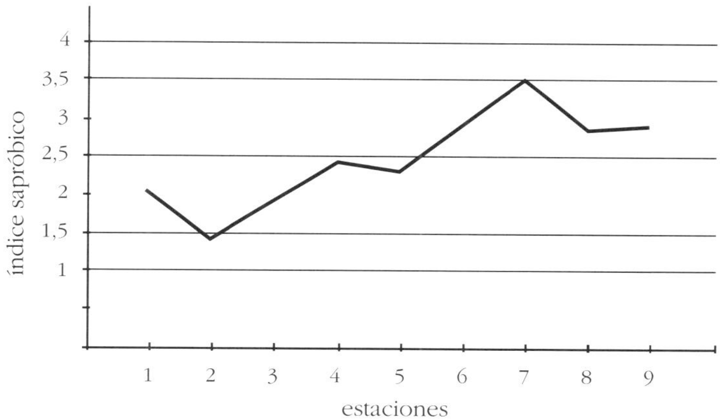

Fig. 2.7: *Perfil de contaminación imaginario de un río (línea quebrada), en base al valor del índice sapróbico en 9 estaciones a lo largo de su curso. Las rayas horizontales separan las 4 zonas de saprobiedad. Las aguas de la estación 2 serían oligosaprobias, las de las estaciones 1, 3, 4 y 5 serían β-mesosaprobias, las de las estaciones 6, 8 y 9 serían α-mesosaprobias, mientras que las de la estación 7 estarían justo en el límite entre α-mesosaprobias y polisaprobias.*

B) Índice total de toxifobia

Para superar estos problemas y alcanzar mayor precisión en el estudio de la contaminación se puede intentar dar valores más reales que los de 1-3-5 para la frecuencia y los de 1-2-3-4 para la valencia sapróbica. Esto se ha hecho utilizando, en vez de la frecuencia, un nuevo concepto, la densidad real de cada especie, que se calcula en nº de individuos por mm^2 y, en lugar de la valencia sapróbica, un nuevo valor, llamado índice de toxifobia, que tiene también valor de 1 a 4 pero que tiene dependencia de todos los parámetros indicadores que se quiera. El índice de toxifobia ha sido calculado en algunos casos aplicando análisis de componentes principales a las poblaciones de algas de unas estaciones y a los parámetros fisicoquímicos que se desee en las estaciones que se hayan muestreado.

Descy (1979), para calcular índices de toxifobia, utilizó diatomeas bentónicas epilíticas y 21 parámetros fisicoquímicos, recogidas y medidos en 23 estaciones de los ríos Sambre y Mosa, mediante 9 muestreos en cada una de ellas. Para los cálculos utilizó las medias de los 9 muestreos.

Se someten los datos a tratamientos estadísticos y a análisis de componentes principales mediante los programas informáticos adecuados, y para la representación se elige como eje I el que mejor refleje un gradiente de polución, por ejemplo, el que deje a un lado los parámetros cuyo valor disminuye al degradarse la calidad del agua, por ejemplo oxígeno disuelto, y al otro lado parámetros cuyo valor aumente al degradarse la calidad, por ejemplo DQO, NH_3, [Pb], etc. Las especies de diatomeas (o de las algas que se estén estudiando) quedarán situadas también en el campo, de tal forma que estarán más o menos próximas a los parámetros que más les influyan. Simplemente dividiendo el campo en 4 partes, se puede delimitar la pertenencia de las especies de algas a un grupo u otro de toxifobia y se les puede dar un valor de índice de toxifobia (ya no de saprobiedad), el valor 4 para las más toxifobas y el valor 1 para las más toxitolerantes.

Como estos valores se han tomado de estaciones concretas, éstas también pueden quedar representadas en las gráficas, y quedarán igualmente ordenadas en función de su nivel global de contaminación.

La nueva fórmula para calcular el índice global de toxifobia es así:

$$I = \frac{\sum(D.i)}{\sum D}$$

En esta fórmula, que es muy parecida a la del índice sapróbico, el significado de las letras es el siguiente:

— D es la «densidad real» de cada especie, calculada en nº de individuos/mm^2;

— i es el «índice de toxifobia específico» que haya resultado del análisis multivariante;

— I es el «índice total de toxifobia» de la estación considerada.

El índice de toxifobia «I» es muy similar al índice de saprobiedad «S», pero se calcula con valores de densidad y de toxifobia, o sea de toda la contaminación y no sólo de la orgánica. Varía también entre 1 y 4, pero en este caso el valor I = 1 significa mucha polución, puesto que a las especies toxitolerantes se les da el valor 1 de índice de toxifobia específico, mientras que el valor I = 4 indica poca contaminación, pues a las especies toxisensibles se les da el valor 4 de índice de toxifobia específico.

Igual que con los índices sapróbicos, con los índices de toxifobia también se pueden hacer perfiles de contaminación de los ríos, que tienen un aspecto muy parecido a los de la Fig. 2.7.

C) Otros índices

Hay otros índices muy sencillos, como por ejemplo el de Williams, que simplemente es:

$$I = \frac{\%\ \text{organismos tolerantes a la polución}}{\%\ \text{organismos sensibles a la polución}}$$

De forma general se acepta que si I > 1 hay polución y si I < 1 no la hay.

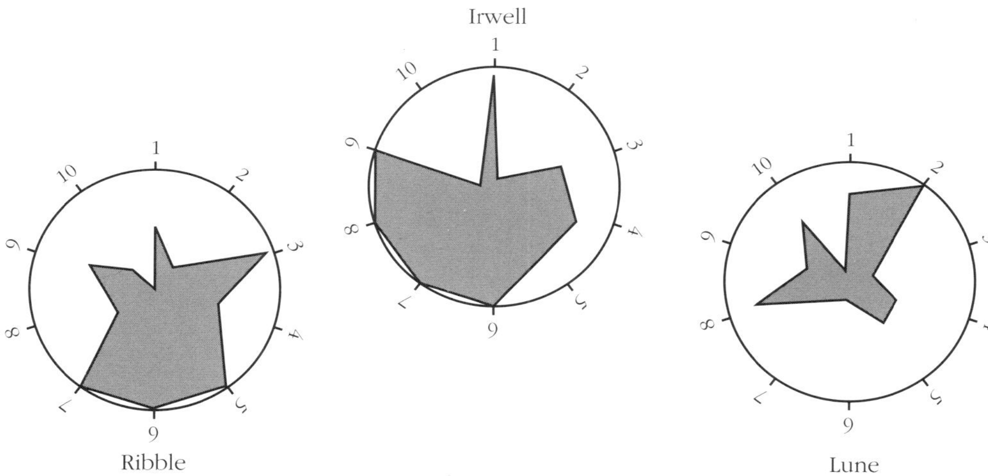

Fig. 2.8: *Diagramas circulares comparando índices bióticos de Williams para la calidad de las aguas de tres ríos de Inglaterra (Irwell, Lune y Ribble). Cuanto más pequeña es el área rayada, menos polución existe, puesto que en cada radio correspondiente a cada estación de muestreo, el centro es el 0, que indica ausencia total de polución* (Tomado de Williams & Dusart, 1976, según Spellerberg, 1993).

Cualquier serie de valores de índices bióticos se pueden representar en forma de diagrama circular, como los que aparecen en la figura 2.8. Esta forma de representar los perfiles de contaminación permite comparar de forma inmediata visualmente la extensión o la intensidad de la polución en, por ejemplo, varios ríos, o varios lagos a lo largo del año, etc.

Para terminar con el apartado correspondiente a los índices de calidad del agua, comentaremos a continuación el descrito por Spellerberg (1993) que es el que desarrolló la Fundación Nacional de Sanidad de U.S.A. (National Sanitation Foundation). Aunque es un índice basado en parámetros fisicoquímicos, su filosofía es interesante y podría ser empleado como índice biótico si los parámetros fueran biológicos. El índice se calcula mediante la fórmula:

$$WQI = \sum w.q$$

En la que las letras tienen los siguientes significados:

— «q» es la «calidad» de la variable que se esté considerando; es un número entre 0 y 100;

— «w» es el «peso» que se concede a esa variable; es un número entre 0 y 1;

— «WQI» es el índice de calidad del agua (water quality index).

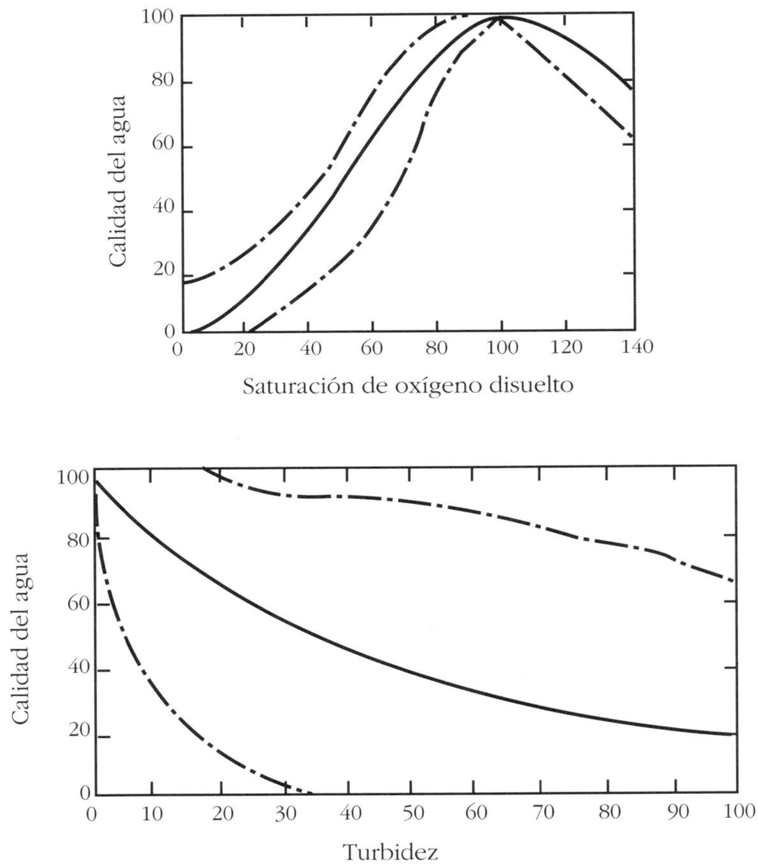

Fig. 2.9: *Medias aritméticas (líneas continuas) y límites de 80 % de confianza (líneas discontinuas) para dos parámetros de calidad del agua* (Tomado de Spellerberg, 1993 modificado de Brown *et al.*, 1972).

Después de consultar a muchos expertos se eligieron como más representativas o indicadoras de la calidad del agua 9 variables: oxígeno disuelto (OD), pH, demanda biológica de oxígeno (DBO), coliformes, nitratos, fosfatos, temperatura, turbidez y sólidos totales. Para dar el valor de «calidad» (q) a cada variable se alcanzó un relativo consenso entre los expertos consultados para la mayoría de las variables, y se construyeron curvas del tipo de las que aparecen en la

Fig. 2.9, en las que se relaciona la calidad del agua en función del valor de cada variable. El «peso» de cada variable depende de los investigadores, pues unos consideran más importantes unas variables que otras; por otra parte, el peso también puede depender del agua que se esté estudiando en concreto, pues también puede ocurrir que en unas aguas tengan más importancia unos parámetros que otros, es decir, hay parámetros que circunstancialmente pueden ser más o menos decisivos.

Como ya hemos dicho, éste no es un índice biótico, pero podría ser aplicado a parámetros biológicos: % cianofíceas - clorofíceas - diatomeas; presencia de hongos y bacterias; diversidad; biomasa; etc.

Conviene advertir de que también se han usado diversos índices basados en la fauna de macroinvertebrados y todos ellos son indicativos, al igual que los basados en parámetros fisicoquímicos. Sin embargo, parece ser, al menos en opinión de algunos autores, como Muñoz *et al.* (1994), en un estudio realizado en el río Llobregat y sus afluentes, que los índices basados en algas son más sensibles, o sea, detectan mejor las variaciones de contaminación, porque generalmente sus reacciones son más rápidas.

Las algas y los metales pesados

En los últimos años se está avanzando mucho en el conocimiento de la relación entre las algas y los metales pesados. Se ha estudiado, por ejemplo, cómo el alga *Cladophora glomerata* es capaz de acumular algunos microelementos presentes en las aguas. La tabla 2.10 da el valor de los factores de concentración de algunos metales en *Cladophora*; el factor de concentración es la relación contenido del elemento en la planta/contenido del elemento en el agua.

microelemento	**factor concentración**	**microelemento**	**factor concentración**
Pb	10^3	As	10^2
Pr	10^3	Ga	10^3
Ce	10^3 - 10^4	Zn	10^5
La	10^3	Cu	10^4 - 10^5
Cs	10^3 - 10^4	Ni	10^4
Sb	10^3 - 10^4	Co	10^4
Sn	10^4	Cr	10^2 - 10^4
Mo	10^2	V	10^3 - 10^4
Nb	10^4	Ti	10^4 - 10^5
Zr	10^3 - 10^4	F	10
Br	10^3	B	10^3 - 10^4

Tabla 2.10: *Factores de concentración de 22 microelementos en* Cladophora glomerata *en el lago Balaton (Hungría)* (Tomado de Kovács *et al.* 1984).

También van aumentando los conocimientos acerca de la sensibilidad o tolerancia a metales pesados por parte de muchos géneros, estudiados tanto en el campo como en el laboratorio. La Tabla 2.11 aporta datos acerca de este tema.

Algas (especies o géneros)	**Tolerancia a metales pesados**
Phormidium	Tolerante a As, sensible a Sb
Oscillatoria, Schizothrix	Dominantes en aguas contaminadas por Zn, sensibles a Cu
Navicula, Synedra	Dominantes en aguas ricas en metales de curso lento
Nitzschia palea	Muy tolerante a Cu
Chlorella, Scenedesmus	Alta resistencia a metales
Euglena, Chlamydomonas	Resistentes a Cd
Cladophora glomerata	Usada como monitor de Zn
Stigeoclonium, Hormidium, Mougeotia, Ulothrix	Resistentes a Zn
Lemanea	Abundante en ríos enriquecidos en metales

Tabla 2.11: *Tolerancia o sensibilidad de algunas algas a metales pesados* (Basado en De Filippis *et al.*, 1994).

Se han hecho otros muchos estudios relacionando las algas con los metales pesados en distintas situaciones de ensayo y en distintos ecosistemas. De Filippis *et al.* (1994) presentan el siguiente resumen:

- Genter *et al.* (1988), en comunidades de perifiton en aguas de río naturales, encuentran que al aumentar la cantidad de Zn aparecen abundantes formas de cianofíceas, algas verdes y diatomeas, fuertemente dependientes de las estaciones del año y significativamente diferentes de poblaciones control.
- Stolzenber *et al.* (1988), estudiando algas bentónicas filamentosas de río con contaminación crónica de elevada magnitud por Cd y Pb y presencia significativa de Cu y Zn, encuentran que las poblaciones que permanecen en las regiones muy polucionadas son muy dispersas y están formadas por algas tolerantes.
- Takamura *et al.* (1990), estudiando comunidades de perifiton en un río urbano afectado por minas abandonadas, con contaminación debida a Cu y Zn y presencia de Cd y As y niveles elevados de N, encuentran sólo siete especies y la abundancia ha disminuido mucho respecto a otras zonas. La temperatura y la luz afectan al desarrollo de las algas y a las especies dominantes, de tal forma que en condiciones de agua cálida las cianofíceas dominan a las diatomeas, y en condiciones de iluminación las

clorofíceas dominan a las cianofíceas. La dominancia de cianofíceas y la baja riqueza específica se interpreta como indicación de aguas corrientes contaminadas por Cu.

LAS ALGAS Y LA DEPURACIÓN DE AGUAS RESIDUALES

También recientemente se ha empezado a conceder importancia a las algas como elementos activos y positivos en los procesos de depuración de aguas residuales. Este aspecto de las microalgas es tratado por Laliberté *et al.* (1994) de forma bastante amplia.

Hoy en día todo el mundo comprende la importancia de depurar las aguas residuales domésticas, agrícolas e industriales, pues, además de ser un foco de contaminación importante, es quizá el más fácilmente visible, lo cual hace más fácil la toma de conciencia del problema a cualquier nivel de la sociedad. En muchos países se está implantando el uso de depuradoras, al tiempo que hay muchas leyes que regulan la calidad de los vertidos.

Sin embargo, los efluentes de las depuradoras tienen aun, en la mayoría de los casos, muchas sustancias que, al ser descargadas en el agua, pueden causar problemas, por ejemplo provocar eutrofización. Esto se debe a que tradicionalmente la depuración de aguas residuales se ha centrado en conseguir reducir la cantidad de materia orgánica, o sea la demanda bioquímica de oxígeno (DBO), y los agentes patógenos y, aunque esto se consigue de forma bastante efectiva con los tratamientos primario y secundario, aun siguen quedando NH_4^+, NO_3^-, PO_4^{3-} y otros nutrientes responsables de la eutrofización, así como metales y otras sustancias nocivas. Para minimizar el efecto de estas sustancias sería muy conveniente someter a las aguas residuales a tratamientos posteriores y así se hace en algunos casos, con el llamado tratamiento terciario, que ha consistido hasta hace poco tiempo en tratamientos físico-químicos como procesos de floculación y coagulación por adición de ciertos reactivos, filtrados, ósmosis inversa, etc. Pero estos tratamientos, como suelen ser específicos para cada contaminante, tienen costes prohibitivos y, además, a menudo los reactivos que se utilizan son nueva fuente de contaminación.

Aquí es donde se puede entrar a considerar la utilización de las algas, como alternativa al tratamiento terciario o como refuerzo del tratamiento secundario, pues pueden transformar muchas de las sustancias que quedan en los efluentes para crear biomasa con la sola ayuda de la energía luminosa y también pueden ser mixotrofas, utilizando en parte materia orgánica. Además, las algas, por realizar la fotosíntesis, desprenden oxígeno, lo cual es beneficioso para el sistema depurador en general, y la biomasa algal puede tener utilizaciones posteriores. Se dice que, utilizando microalgas para terminar la depuración, las aguas residuales dejan de ser un problema y pasan a ser consideradas como un sustrato de valor para la producción de compuestos biológicos potencialmente útiles.

Los procesos de destrucción de la materia orgánica, sea cual sea la técnica empleada, pueden ser anaerobios o aerobios. En los esquemas de la Fig. 2.10 pueden observarse las principales diferencias entre unos y otros:

Los procesos aerobios son más efectivos pero mucho más caros, porque necesitan energía para mantener la aireación y se produce mucha cantidad de lodos que hay que retirar y tratar, lo cual también encarece el proceso. Los anaerobios son mucho más baratos, incluso pueden generar beneficios si se utiliza el biogás que se desprende para obtención de energía, pero son menos efectivos y más difíciles de mantener en buen funcionamiento. Las algas, por aportar oxígeno, pueden colaborar para mantener el sistema aerobio de forma mucho más económica.

Cuando se utilizan algas para la depuración se establece una relación mutualista entre las algas y las bacterias que de normal se encuentran realizando la depuración, pues el oxígeno producido en la fotosíntesis es utilizado por las bacterias aerobias para mineralizar la materia orgánica que aun exista, transformándola en nutrientes inorgánicos, que son los que utilizan las algas para formar su biomasa.

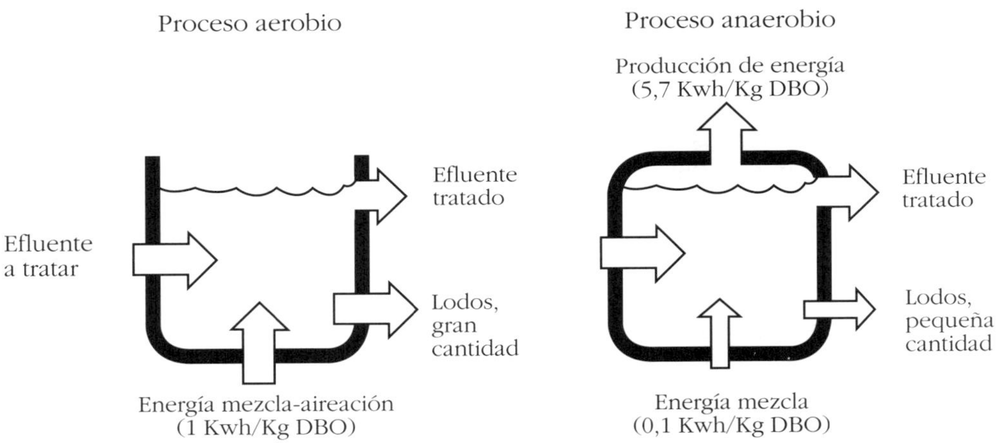

Fig. 2.10: *Diferencias entre los procesos de depuración aerobio y anaerobio. El grosor de las flechas es indicativo de la cantidad relativa de elemento que representan* (Según Fiestas et al., 1989).

Otro beneficio añadido es que es normal que, como consecuencia de la fotosíntesis, aumente algo el pH del medio, lo cual puede tener efectos favorables en el proceso general de depuración, como puede ser la precipitación del fósforo y la reducción del contenido en SH_2 (si lo hay). También es beneficioso el oxígeno naciente que se desprende en la fotosíntesis, pues parece tener acción bactericida, eliminando patógenos y coliformes; en concreto, se han medido disminuciones de coliformes desde 10^8/100 ml a 10^3/100 ml. Además, como muchas algas tienen capacidad para segregar sustancias bactericidas, algunas bacterias pueden morir.

Por otra parte, las algas pueden eliminar metales pesados, porque los captan y, o bien los incluyen en su metabolismo haciéndolos inocuos, o bien los acumulan. En todo caso, los hacen desaparecer del medio. Algunos autores, como Filip *et al.* (1979), demostraron que se podía eliminar entre el 70 y el 90 % del Cd y Cu por este método. Unas algas tienen capacidad para eliminar unos metales y otras otros. Por ejemplo, *Oscillatoria* elimina Cr, *Chlorella* Cu, Cd y Zn, *Chlamydomonas* Pb, *Scenedesmus* Ni, etc.

Cuando se utilizan algas en procesos de depuración, como se produce mucha biomasa de algas, es necesario cosecharlas para mantener el sistema. La cosecha es un problema, pues la concentración de algas, aun siendo muy elevada, no es suficiente como para aplicar técnicas convencionales. Se han ensayado diversos métodos, como sedimentación, filtración, decantación, floculación, fijación con distintas sustancias, etc. La biomasa de algas que se extrae de las balsas de depuración es potencialmente utilizable como complemento proteico en acuicultura, ganadería e incluso en alimentación humana, o como fertilizante, o como fuente para la extracción de diversos compuestos. Aunque muchos de estos usos son solamente potenciales o ensayados a nivel de laboratorio, algunos países sí que las utilizan, como Taiwan, que tiene una industria basada en la obtención de pigmentos, vitaminas y factores de crecimiento a partir de microalgas que factura anualmente 7.000 millones de ptas. (Fiestas *et al.*, 1989). El mayor problema que presentan las microalgas de depuración es que es difícil llegar a estandarizar las técnicas de tratamiento y los productos derivados, pues la biomasa de algas puede ser sumamente variable, dependiendo del tipo de agua residual en que se hayan desarrollado. Un ejemplo de composición de biomasa de microalgas obtenidas de balsas de depuración puede verse en la tabla 2.12.

Compuesto	**Cantidad**
Proteínas	20 %
Hidratos de carbono	22 %
Pigmentos y lípidos	8 %
Minerales	50 %

Tabla 2.12: *Ejemplo de composición de la biomasa de las algas obtenidas de balsas de depuración* (Según Fiestas *et al.*, 1989).

Un ejemplo

Un ejemplo de utilización de algas en combinación con tratamiento anaerobio para la depuración de aguas residuales es el que exponen Fiestas *et al.* (1989) indicando que puede ser muy recomendable para zonas como Andalucía, con poblaciones no demasiado grandes, la mayoría entre 5000 y 25000 habitantes y con gran radiación solar. Si el número de habitantes es pequeño la depuración convencional se considera descartable por su elevado costo de funcionamiento y por eso se recomienda utilizar tecnologías de «bajo costo», entre las que se encuentra el uso de microalgas.

En este trabajo plantean y describen el sistema llamado TAYDA (tratamiento anaerobio y desarrollo de algas), que tendría muchas ventajas. En la depuración anaerobia se conseguirían unos valores bajos de los parámetros que interesan y, con las balsas de microalgas, además de eliminar otros contaminantes, se favorecería la continuación de procesos de oxidación del resto de materia orgánica por vía aerobia. Todo el conjunto es, además, mucho mas barato que otros sistemas.

Las balsas para microalgas son canales donde se recircula el agua para aprovechar al máximo la actividad fotosintética de las algas. La profundidad óptima se estima entre 20 y 60 cm según la época del año, y el tiempo de residencia también varía, entre 2 y 6 días según la estación. Los datos más idóneos son: tiempo de residencia de 2 días en verano con 20 cm de profundidad, 4 días en otoño y primavera con 40 cm de profundidad y 6 días en invierno con 60 cm de profundidad. Como el flujo suele ser constante, se tiene que poder variar las dimensiones de la balsa, bien en superficie, bien en profundidad.

En el esquema de la Fig. 2.11 se aprecia en que consiste el proceso TAYDA, mientras que la Tabla 2.13 se indica cual ha sido su eficiencia.

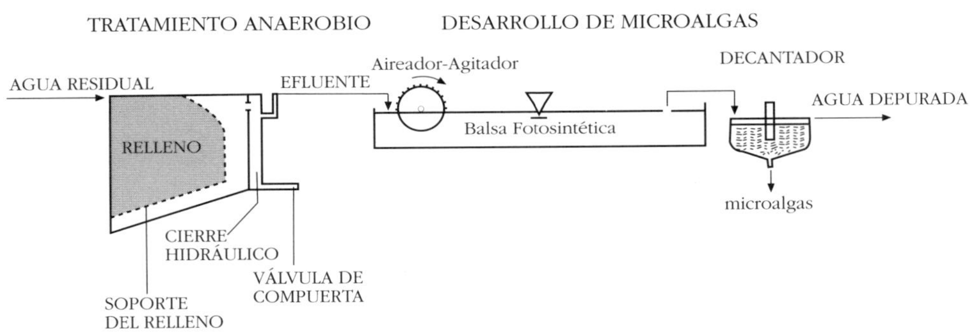

Fig. 2.11: *Esquema de la depuración según el proceso TAYDA* (Según Fiestas *et al.*, 1989).

Parámetros	**Tratamiento anaerobio**		**Desarrollo microalgas**	
	Entrada	**Salida**	**Entrada**	**Salida**
DBO_5 (mgO_2/l)	300	70	70	20
Minerales (mg/l)	400	150	150	50
Bacterias coliformes (cel/100 ml)	10^8	10^6	10^6	10^3
Tiempo de residencia hidráulica	6 horas		48-120 horas	

Tabla 2.13: *Eficiencia del proceso TAYDA y tiempo de residencia necesarios* (Según Fiestas *et al.*, 1989).

TEMA 3. LOS LÍQUENES COMO INDICADORES DE LA CONTAMINACIÓN ATMOSFÉRICA

INTRODUCCIÓN

Principales efectos de la contaminación atmosférica en el hombre, los seres vivos y los ecosistemas en general

Con el fin de hacernos cargo de la importancia que puede tener la contaminación atmosférica y su monitorización, vamos a comentar rápidamente los principales efectos de diversos contaminantes.

A) Sobre la salud humana. Por razones obvias, estamos todos directamente interesados en ello.

— **SO_2 y partículas en suspensión**: el dióxido de azufre y las partículas en suspensión se relacionan con la aparición de bronquitis crónicas, catarros y dificultades respiratorias. Se ha comprobado, por ejemplo, que si la concentración de SO_2 y partículas es mayor de 500 $\mu gr/m^3$ como media de 24 horas, aumenta la mortalidad en general, y los más afectados (mueren más) son los enfermos o sensibles a procesos cardíacos y pulmonares. Ya con una concentración de alrededor de 250 $\mu gr/m^3$, se ha comprobado que los enfermos de afecciones pulmonares empeoran.

— **CO**: el monóxido de carbono afecta al transporte de oxígeno por la sangre, porque se combina con la hemoglobina formando carboxihemoglobina, pues el grupo CO sustituye al oxígeno. Con concentraciones de un 10% de carboxihemoglobina en sangre se producen cefaleas, sensación de cansancio y descoordinación y basta incluso con concentraciones superiores al 5% para que se aprecien cambios funcionales a nivel de pulmón y corazón. Concentraciones inferiores a 2% no parecen influir en la salud humana, mientras que si la concentración es muy elevada puede sobrevenir la muerte (como ocurre en esos casos que se oyen o leen en los periódicos de personas asfixiadas por estar junto a un brasero que quemaba mal el carbón, desprendiendo gran cantidad de CO en vez de CO_2).

— **Óxidos de nitrógeno**: los óxidos de nitrógeno, en general nombrados como NO_x, y sobre todo el NO_2 que es el más tóxico, afectan a las vías respiratorias.

— **Oxidantes fotoquímicos**: son sustancias que se producen secundariamente en el aire por acción de la energía lumínica. Producen irritación de ojos y de mucosas en general. También causan crisis asmáticas en personas con afecciones asmáticas o broncopulmonares.

— **Metales**: son nocivos, sobre todo, porque sufren procesos de bioacumulación en la cadena alimentaria. Como no se pueden degradar, si no se eliminan, se acumulan. Cada metal presenta afinidad diferente por distintos tipos celulares: huesos, células nerviosas u otros. De algunos metales se sabe bien qué problemas causan, porque ha habido en el mundo algún caso lamentable de contaminación masiva. Por ejemplo, se sabe que el Hg afecta al sistema nervioso y puede causar la muerte: en 1953 murieron 44 personas en Japón (Bahía de Minamata) a causa del mercurio acumulado en los pescados y mariscos que habían consumido; se descubrió la causa porque los gatos y las aves marinas de la bahía comenzaron a tener iguales problemas. El plomo (Pb) afecta al comportamiento, a la inteligencia de los niños y produce anormalidades en los fetos, así como daños irreversibles en el sistema nervioso de los adultos.

— **Otros**: hay otros muchos contaminantes del aire, como el amianto, los hidrocarburos, los organohalogenados, etc. Los efectos que producen son muy variados: pueden causar modificaciones genéticas (mutaciones), malformaciones en fetos, etc. Algunos incluso son cancerígenos.

B) Sobre las plantas. Los vegetales son especialmente sensibles y muestran síntomas y sufren daños significativos a concentraciones de contaminantes mucho más bajas que las necesarias para dañar la salud humana. Los daños varían según las concentraciones y el tiempo de exposición. En la Fig. 3.1 figuran distintos tipos de daños en función de esas dos variables en distintas plantas.En general, como la contaminación altera las funciones metabólicas, los primeros síntomas de afección suelen ser clorosis y necrosis foliar. Siempre aparecen los daños por el borde de la hoja o por la punta si se trata de acículas de coníferas.

Si la contaminación incide en plantas jóvenes, éstas por lo general resultan afectadas en su crecimiento. Si además están sometidas a concentraciones bajas pero prolongadas, la síntesis de clorofila queda alterada.

— **SO_x**: los óxidos de azufre son dañinos porque normalmente se transforman en el aire, al ponerse en contacto con agua, en ácido sulfúrico

(SO_4H_2). Donde se depositan gotas de precipitación contaminada se producen manchas, que son blanquecinas si la concentración de ácido es elevada, o amarillentas si es más diluido. También alteran el crecimiento de las plantas y su ramificación. Además, los SO_x presentan sinergismo con el ozono (O_3) y los NO_x, potenciando casi siempre sus efectos. Algunos vegetales especialmente sensibles, como muchos líquenes, simplemente dejan de existir: desaparecen.

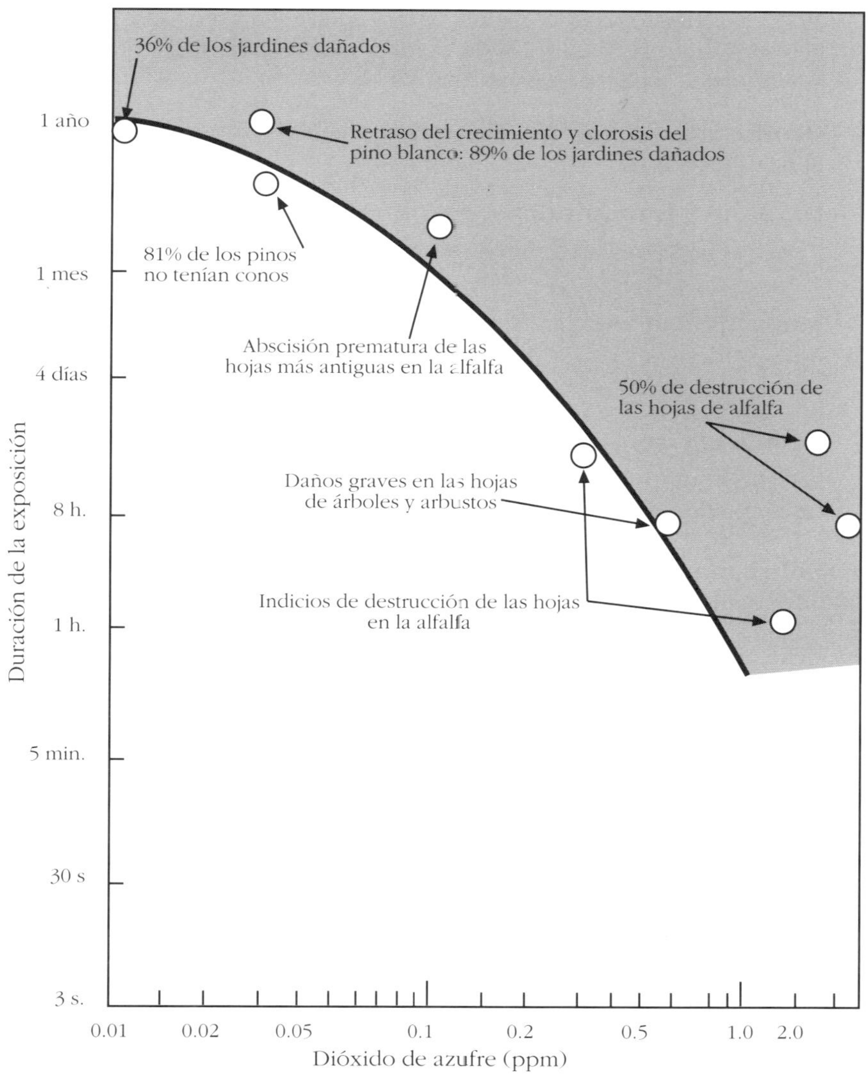

Fig. 3.1: *Efectos del SO_2 sobre distintos vegetales* (Tomado de Stocker *et al.*, 1981).

— **Flúor y sus derivados**: son especialmente sensibles algunos cultivos, como las viñas y los frutales, sobre todo los frutales de hueso. Entre las especies forestales son más sensibles las de hoja perenne, porque este tipo de compuestos se acumulan y quedan más tiempo en las hojas. Los compuestos de flúor producen también necrosis en hojas y se han descrito casos de muertes de masas forestales extensas. Además, se transmite en la cadena alimentaria y causa enfermedades en los animales herbívoros, como las vacas, que padecen fluorosis.

— **NO_2**: de todos los óxidos de nitrógeno, este es el único que es fitotóxico. Provoca necrosis y clorosis de colores negro o marrón rojizo en las hojas. Además tiene sinergismo con SO_x.

— **Ozono**: provoca la aparición de manchas blancas o punteados claros en el haz de las hojas.

— **Oxidantes fotoquímicos**: provocan la aparición de una tintura plateada o vidriosa en las hojas y atacan a las hojas jóvenes, destruyéndolas.

— **Radiactividad**: provoca daños en los ácidos nucleicos (mutaciones), en mitocondrias, membranas y otros orgánulos celulares. Las especies más sensibles son las que tienen más cromosomas o tamaño de núcleo mayor. Cuando una zona resulta afectada por radiactividad, la vegetación resulta afectada porque muchas especies mueren: los pinos son las plantas que primero mueren, después siguen otras especies. En todo caso, la radiactividad provoca disminución de la diversidad.

C) Sobre materiales inertes. La contaminación atmosférica causa daños en cualquier material, tanto porque se deposite en forma de partículas de contaminantes como porque los compuestos químicos reaccionen con los materiales. Por ejemplo, el SO_2 puede llegar a atacar a los edificios de calizas si se transforma en ácido sulfúrico, porque éste reacciona con los carbonatos de la caliza, dando lugar a sulfatos que, además de ser solubles en el agua de lluvia, tienen volumen menor que los carbonatos, por lo que en las piedras atacadas aparecen fragmentos como escamas. Todo ello hace que se debiliten las piedras, pudiendo llegar a derrumbarse los edificios si el deterioro es muy fuerte. El llamado «mal de la piedra», que afecta a monumentos históricos, es en parte causado por la contaminación atmosférica.

D) Sobre los ecosistemas de forma global. Hay algunas formas de contaminación atmosférica que afectan a los ecosistemas en su totalidad y, además, muy a menudo en superficies muy grandes, mucho mayores que las que en principio podrían suponerse, porque los contaminantes son transportados por el aire a grandes distancias. Estos son los tipos de contaminación que se han llamado «transfronteras», como por ejemplo los fenómenos de lluvia ácida, efecto invernadero o destrucción de la capa de ozono.

La lluvia ácida es consecuencia de la contaminación por SO_2. El pH del agua de la lluvia puede llegar a ser entre 2 y 3. El problema es grande, sobre todo en países de Europa septentrional y central. Así, por ejemplo, en Suecia muchos lagos se han acidificado, y muchos han perdido por ello sus poblaciones piscícolas; lo mismo ha ocurrido en Canadá y en el norte de los EEUU.

Son más propensos a acidificarse los ecosistemas que se sitúan sobre sustratos ácidos, porque tienen menos capacidad para neutralizar el ácido sulfúrico que cae con la lluvia. En los lagos lo que ocurre es que, en medio ácido, se liberan y movilizan iones de ciertos metales, como aluminio (Al), que son tóxicos para la biota acuática. Los bosques también resultan muy sensibles porque, además de los daños que causa la lluvia ácida directamente por deposición en las partes aéreas de las plantas, el suelo se acidifica, lo que provoca que los vegetales absorban más metales, que dañan las raíces de forma severa. Se calcula que en Alemania, Polonia, Países Escandinavos y Holanda, entre otros países de Europa, hay un 50% de bosques de coníferas afectados. Ya en 1985 se estimaba en un millón las hectáreas de bosques afectados de forma grave en Europa Central. Desde hace ya varias décadas se constata el avance de la extensión de áreas afectadas por lluvia ácida en Europa, hasta tal punto que, entre los años 1956 y 1966 la superficie en que se han registrado lluvias con pH menor o igual a 4,5 se ha multiplicado más o menos por ocho (Spellerberg, 1993).

El efecto invernadero se debe al aumento de concentración de CO_2 en la atmósfera. El CO_2 deja pasar toda la radiación solar, permitiendo que ésta llegue a la superficie terrestre y se caliente. En cambio, absorbe los rayos infrarrojos que emite la Tierra, impidiendo que se enfríe. El CO_2 existe de forma natural en la atmósfera, por lo que en ocasiones se rechaza su denominación como contaminante, pero su exceso sí que es algo anormal.

Los efectos del calentamiento de la Tierra son tema de debate aún hoy en día. Se piensa, entre otras cosas, que las zonas lluviosas serán más lluviosas y las áridas serán más áridas. Los hielos polares se derretirán algo, lo suficiente para que muchas zonas costeras queden inundadas, con lo cual desaparecerían algunas de las grandes ciudades. Nevará menos, por lo que al haber más lluvia (la precipitación que no sea nieve será en forma de lluvia) habrá inundaciones y mucha pérdida de agua por escorrentía. Hay algunos científicos que dicen que el aumento de lluvia y de CO_2 favorecerá la fotosíntesis, pero también hay quien opina que llegado a un cierto nivel, el exceso de CO_2 inhibe la fotosíntesis, por lo que ni las ventajas ni los inconvenientes, en este sentido, están claros. En todo caso, cambiará la producción primaria de muchos ecosistemas y a partir de ella se verán afectados todos los demás niveles tróficos y el flujo de energía.

Después de esta enumeración de los efectos nocivos de la contaminación atmosférica, se comprende que desde hace unos años hasta hoy se haya puesto de manifiesto una gran preocupación por evitar que la contaminación atmosférica aumente. Muchas leyes, muchos programas, muchos gobiernos inciden en el tema, tratando de controlar las emisiones a la atmósfera.

Hay que tener también en cuenta que todo lo que se emite a la atmósfera, a la larga, con más o menos tiempo y más o menos modificado, terminará por depositarse e incidir sobre la superficie de la Tierra.

De entre todos los mecanismos para detectar la contaminación atmosférica, a nosotros nos interesa ahora, de forma especial, la bioindicación mediante líquenes. Los líquenes son los seres vivos más utilizados como bioindicadores y biomonitores. La razón es que son muy sensibles a la contaminación, sobre todo al SO_2, que es el contaminante con el que más se ha trabajado.

CARACTERÍSTICAS DE LOS LÍQUENES QUE SE RELACIONAN CON SU CAPACIDAD COMO BIOINDICADORES

Los líquenes son organismos constituidos por un hongo y un alga, que juntos forman una unidad fisiológica. El alga es autótrofa y sintetiza materia orgánica para sí misma y para el hongo. El hongo, por su parte, da cobijo al alga y le crea un medio húmedo adecuado para su supervivencia.

Las algas pueden ser verdes (Chlorophyceae) o verde-azules (Cyanophyceae o Cianobacterias). En este último caso, además de fotosintetizadoras, las algas pueden ser fijadoras del N_2 atmosférico, por lo que también resultan una fuente de nitrógeno para el conjunto liquénico. Los hongos pueden pertenecer a cualquier grupo de Eumycota, pero los más comunes, con mucho (99% del total), son los de la subdivisión Ascomycotina, clases Discomycetes, Pyrenomycetes y Loculoascomycetes.

La relación entre alga y hongo en el liquen es de tipo simbiótico, porque ambos se benefician mutuamente. Pero el equilibrio en que se mantienen el ficobionte y el micobionte es muy frágil. El alga, que es el simbionte menos especializado, en realidad está próximo a sus límites de supervivencia, de tal forma que, si el equilibrio se rompe por cualquier motivo, las condiciones se vuelven intolerables para el alga, que morirá y, por tanto, se deshará la relación alga-hongo o, lo que es lo mismo, desaparecerá el liquen. Esta situación extrema en que vive el alga explica la gran sensibilidad de los líquenes frente a los cambios en las condiciones ambientales, que pueden ser de cualquier tipo, tanto debidos a contaminación, como físicos o accidentales; incluso un pequeño aumento o disminución de luminosidad por talas o por edificaciones, o los cambios en la humedad, la temperatura, etc., pueden afectarles seriamente.

Los líquenes tienen, además de lo dicho hasta ahora, otras características morfológicas o fisiológicas que les diferencian de otros grupos vegetales, sobre todo de plantas vasculares, y que son la causa de la mayor sensibilidad de los líquenes frente a las alteraciones del medio. Algunas de esas características son las siguientes:

— En la simbiosis liquénica sólo el ficobionte contiene clorofila, por lo que el contenido en clorofila de un liquen en relación a su volumen es menor que en las plantas vasculares; por esto la velocidad de funciones como fotosíntesis y metabolismo en general es relativamente menor en los líquenes que en las plantas superiores. Como consecuencia, también tienen menor capacidad de regeneración y cualquier daño que se les produzca es más difícil de curar.

— Los líquenes no tienen estomas, por lo que todo el intercambio de gases debe hacerse por la superficie. Toda la superficie del liquen es útil como superficie de intercambio, mientras que en las plantas superiores sólo hay intercambio gaseoso a nivel de los estomas; por esto, la superficie intercambiadora es comparativamente mayor en los líquenes que en las plantas vasculares y, por tanto, la cantidad de absorción en líquenes es también comparativamente mayor.

— Los líquenes tampoco tienen raíces ni estructuras capaces de absorber agua y nutrientes del sustrato, por lo que no sólo para los gases, sino también para líquidos, sales disueltas o sólidos, la superficie del liquen es la zona por la que tienen que absorberse todas las sustancias, directamente del aire, tanto por deposición húmeda como por deposición en seco.

— Los líquenes tampoco tienen cutícula, por lo que los contaminantes pueden entrar en el talo con más facilidad en los líquenes que en las plantas superiores.

— Los líquenes son plantas poiquilohídricas, es decir, no pueden regular su contenido en agua. Su balance hídrico y, por tanto, su capacidad metabólica, dependen por completo de la humedad atmosférica y de las precipitaciones. Por ello, sus posibilidades para desarrollarse están limitadas. Cuando absorben agua inician su actividad metabólica en pocos minutos, aunque llegar a un nivel óptimo de fotosíntesis les cuesta un poco más de tiempo. Se ha visto que los líquenes tienen sus mayores tasas de fotosíntesis cuando hay entre un 60 y un 90% de humedad. Esto suele suceder durante la madrugada; pero como también necesitan luz y cierta temperatura, sucede que las condiciones óptimas duran muy poco tiempo cada día, por eso crecen poco. Cuando pierden agua se vuelven frágiles y quebradizos, cesa la actividad fotosintética y la respiración, permaneciendo inactivos hasta que se vuelven a rehidratar.

— Los líquenes tienen máximo crecimiento en primavera y otoño en los países templados, pues en verano la sequía es limitante y en invierno lo son las bajas temperaturas. Aún así, en invierno los líquenes tienen más actividad metabólica que las plantas superiores, que están en periodo de inactividad vegetativa. Como los más altos niveles de contaminación se dan en invierno, resulta que los líquenes pueden sufrirlos y manifestarlos mejor. Por ejemplo, el SO_2 se produce en gran medida por el uso de calefacciones, que se encienden en invierno.

— Los líquenes tienen gran capacidad para almacenar muchas sustancias diferentes y en formas y lugares diferentes, sin seleccionarlas. Como en los líquenes no hay excreción, las sustancias, una vez absorbidas, se quedan dentro del liquen, acumulándose. Entre las sustancias que acumulan los líquenes están también algunos nutrientes, como nitratos y sulfatos, que pueden ser absorbidos de forma activa. También pueden incorporar iones metálicos por intercambio iónico o atrapar en su médula partículas pequeñas de rocas, suelos o contaminantes, que después pueden ser metabolizadas e incorporadas a las células.

— Frente a las plantas superiores, los líquenes en conjunto tienen un área de distribución más amplia, puesto que se pueden encontrar desde el ecuador hasta los polos y desde el nivel intermareal hasta las montañas más altas.

— Debido a sus limitaciones (dependencia total de presencia de agua, menor proporción de clorofila, etc.) los líquenes crecen muy lentamente (Tabla 3.1). Algunos líquenes crustáceos crecen solamente 0,2 mm/año: un talo que mida 20 cm tendrá 1000 años. Esto no es raro en algunas especies como *Rhizocarpon geographicum*. Por otra parte, gracias a sus adaptaciones (poiquilohidria, capacidad de absorción superficial) pueden vivir muchos años si el sustrato no desaparece (rocas, árboles) y las condiciones atmosféricas lo permiten. Por esto, reflejan las condiciones y la acción de la naturaleza a lo largo de mucho tiempo. Es decir, son excelentes integradores.

Especie	**Velocidad**
Peltigera spp	10-30 mm/año
Physcia caesia	0,8-1,1 mm/año
Parmelia saxatilis	1,7-3,2 mm/año
Cladonia rangiformis	2-5 mm/año
Lecanora muralis	0,8-2,3 mm/año
Rhizocapon geographicum	0,2-0,6 mm/año

Tabla 3.1: *Velocidades de crecimiento anual de algunas especies de líquenes, medidas en ambientes de aire puro* (Basado en Feige, 1982).

Algunas de las características comentadas pueden derivar en situaciones y opiniones contradictorias. Por ejemplo, respecto a las necesidades hídricas, según algunos autores (Kovács, 1992), si el liquen tiene la suficiente humedad, o más humedad de la mínima necesaria, cambios en otros factores o condiciones ambientales son menos nocivos y el liquen puede seguir manteniendo la simbiosis, como si el grado de humedad fuera el factor limitante. Sin embargo, otros autores (Skye, 1979; Richardson, 1992), opinan que los daños se manifiestan más rápidamente en húmedo o son más sensibles en ambientes húmedos porque, al disponer de más humedad, los líquenes permanecen metabólicamente activos durante más tiempo, por lo que pueden absorber más contaminantes o reflejar mejor distintos efectos del entorno.

EFECTOS DE LOS CONTAMINANTES EN LOS LÍQUENES

Los efectos de los contaminantes en los líquenes en general se manifiestan tanto por cambios que ocurren en su aspecto externo como en su anatomía, su ultraestructura, su fisiología y su biología. En algunos casos los contaminantes no tienen efecto directo en los líquenes, sino que les perjudican indirectamente porque actúan sobre su sustrato y lo hacen inhábil para la implantación de diásporas o cualquier otro fenómeno vital de los líquenes.

A) Cambios morfológicos:

— Cambios de color en el talo.

— Disminución del tamaño del talo.

— A veces, aumento del grosor del talo.

B) Cambios en su anatomía:

— Aumento del número de algas degeneradas por plasmolisis o muertas. Con luz ultravioleta, en cortes finos, las células de alga saludables dan luz de color rojo brillante, mientras que las moribundas o muertas dan color naranja o blanco.

— Disminución del número de algas en estado de regeneración.

C) Cambios en su ultraestructura:

— Dilatación en los tilacoides del ficobionte.

— Aparición de gránulos de almidón intertilacoidal en las algas.

— Desorganización del contenido celular del alga en los líquenes sensibles.

— Deformación de los cloroplastos o de sus membranas.

— Dilatación de las mitocondrias.

D) Cambios fisiológicos:

— Disminución de la absorción de CO_2 y de la respiración.

— Cambios en el contenido hídrico del talo.

— Disminución de la fijación de nitrógeno, la actividad fosfatasa, la cantidad de clorofila y la relación clorofila a/clorofila b.

— Cambios del pH.

— Cambios en la concentración de muchos compuestos. Por ejemplo, aumento de los contaminantes y segregación o pérdida de K y de Mg.

E) Cambios en su biología:

— Inhibición de la reproducción; la viabilidad de las ascosporas es menor y queda muy disminuida la formación de isidios y soredios.

— Si se trata de acidificación del sustrato por lluvia ácida lo que ocurre es que a bajos pH el sustrato pierde nutrientes y se hace inútil para el crecimiento del alga o de los propágulos (isidios o soredios) del liquen. Es decir, se ve afectada la posibilidad de regeneración en fases tempranas. Se ha probado a reimplantar talos de especies sensibles acidófilas, como *Lobaria amplissima* (en Inglaterra) y se ha conseguido que se mantenga 10 años.

— También decrece la actividad multiplicadora de las células del alga.

De todos los efectos, quizá los más difíciles de ver sean los fisiológicos, pues es difícil hacer medidas de fenómenos relacionados con el metabolismo de los líquenes. Hay que tener en cuenta muchos factores como, por ejemplo, cuánta humedad tiene el talo, pues el contenido hídrico afecta a muchos procesos. Igualmente el tamaño del talo, pues hay fenómenos que dependen más de la superficie que del volumen. También influye la edad del talo. Por otra parte, cuando se hacen medidas ¿a quién se asignan los resultados, al hongo o al alga?

Cuando los líquenes pertenecen a especies que son muy sensibles a los contaminantes, los efectos que se producen en ellos son tan importantes que finalmente los talos pueden morir y las especies desaparecer. Como la intensidad de los efectos en muchos casos depende del nivel de contaminación, también se puede observar que una misma especie manifiesta distintos grados de afección a lo largo de un gradiente de contaminación. Por ejemplo, en Pamplona, la especie *Physcia biziana,* que es muy abundante, manifiesta de forma paralela al aumento de la contaminación la siguiente secuencia de síntomas (Etayo, 1989):

1. Ejemplares sanos, color gris claro, con pruina y apotecios en todo el centro, rosetas de 10 a 12 cm de diámetro, a veces confluentes.

2. Talos más espaciados y más pequeños, de 3 a 6 cm, con menos pruina, por lo que resultan más grises y además pierden la capacidad de formar apotecios.

3. Talos muy negruzcos por depósito de hollín en ellos.

4 y 5. Se desarrollan entramados de hifas blancas, rosadas o naranjas, que cubren el talo. El liquen muere.

6. Desaparece el liquen muerto por el centro, sólo quedan bandas circulares.
7. Desaparición total del liquen.

Los efectos de los contaminantes en los líquenes no son iguales en todos ellos: hay especies que son más sensibles que otras y las sensibles manifiestan los efectos o más pronto o con más intensidad e, incluso, a veces, otros síntomas diferentes. Por ejemplo, a nivel de cambios ultraestructurales, los líquenes sensibles parece que forman vesículas en los tilacoides, mientras que los tolerantes no lo hacen, pero depositan gránulos de almidón (Silva y Ascaso, 1982).

FACTORES QUE INFLUYEN EN LA SENSIBILIDAD DE LOS LÍQUENES

Algunos factores que de forma general influyen en la sensibilidad o resistencia a la contaminación son los siguientes:

— Las especies neutrófilas y con bajo requerimiento en agua son más resistentes (*Physcia ascendens*) frente a las especies acidófilas o con alta demanda de humedad, que suelen ser muy poco tolerantes (*Usnea* spp., *Ramalina* spp., *Evernia prunastri*).

— Las especies de amplio espectro ecológico suelen ser más tolerantes (*Physconia grisea, Lecanora chlarotera, Physcia pulverulenta*).

— El sustrato que ocupa el liquen, especialmente su pH elevado, favorece la resistencia, sobre todo si el contaminante es SO_2. Cuanto más bajo sea el pH del sustrato, menor será su capacidad para neutralizar el ácido sulfúrico y, por tanto, los líquenes se verán más afectados. Los líquenes epífitos serán tanto más sensibles cuanto más ácida sea la corteza del árbol en que viven.

— Los aportes externos, como polvo, fertilizantes o sustancias nitrogenadas, pueden en cierta medida facilitar la supervivencia de los líquenes, porque neutralizan los ácidos contaminantes o, más en general, porque pueden favorecer la implantación de especies nitrófilas o neutrófilas.

— Suele suceder que a mayor temperatura mejor o mayor es la tolerancia de las especies. Al contrario, en lugares o países fríos ocurre que, aun con los mismos niveles de contaminantes que en lugares o países cálidos, los efectos son más agudos; es como si tuvieran más contaminación.

— Las bases de los árboles, en lugares que en invierno estén cubiertos de nieve, suelen tener más especies de líquenes, porque la nieve protege al sustrato y a los propios líquenes de la acción de los contaminantes. Igualmente ocurre en algunas ocasiones si los árboles están muy rodeados y protegidos por otras plantas.

— Como la capacidad tampón del sustrato es importante para que los líquenes sobrevivan, resulta que, en conjunto, los líquenes epífitos son más sensibles que los saxícolas y estos son más sensibles que los terrícolas. Esto es así porque las cortezas son los sustratos con menor capacidad para regular el pH.

— También la morfología del liquen tiene importancia. El orden de susceptibilidad es: talos pulverulentos (leprosos) < talos crustáceos < talos foliáceos < talos fruticulosos. Esto es, probablemente, porque también en ese orden va aumentando la relación superficie/volumen y, como los líquenes absorben por toda su superficie, los de morfología fruticulosa, comparativamente, podrán absorber más que los de otras morfologías. En la Fig. 3.2 se puede apreciar cómo en una zona urbana predominan los líquenes crustáceos y cómo al aumentar la distancia de la ciudad, no sólo aumenta el total de líquenes, sino la cobertura debida a foliosos y fruticulosos.

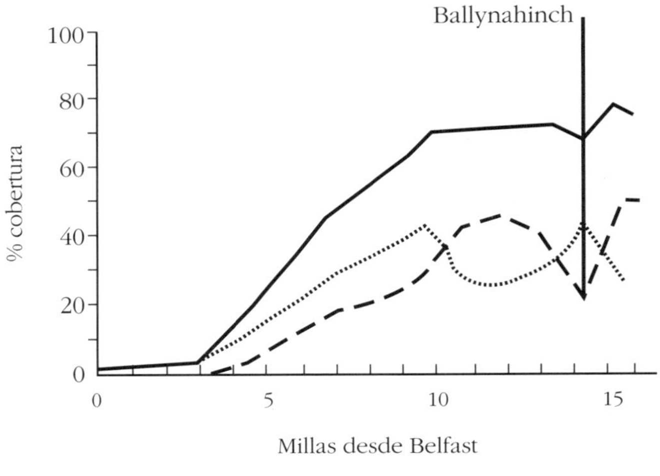

Fig. 3.2: *Porcentaje de cobertura liquénica en troncos de árboles caducifolios: ········, líquenes crustáceos; - - - -, líquenes foliáceos y fruticulosos; ——, total de líquenes. La cobertura aumenta al aumentar la distancia a Belfast; en Ballynahinch cambian de nuevo los porcentajes* (Basado en Fenton, 1960, tomado de Richardson, 1992).

— También se considera que, en general, son más sensibles las especies de líquenes en los que el ficobionte es una cianobacteria, porque éstas son más fácilmente alterables que las clorofíceas.

— Parece que, hasta cierto punto, la toxisensibilidad o toxiresistencia de algunas especies varía entre unos lugares y otros. Por ejemplo, en Pamplona (Etayo *et al.*, 1989) no se ha encontrado *Lecanora conizaeoides*, que es la especie más resistente a la contaminación y, sin embargo,

Physcia biziana y *Physconia grisea*, que según muchos autores son especies relativamente sensibles, están hasta en los árboles más contaminados del centro de la ciudad, a veces ennegrecidos por el hollín. Esto probablemente se debe a que se dan acúmulos de sustancias nitrogenadas que evitan la excesiva acidificación, como se ha comentado anteriormente. En otros lugares sin embargo, como en La Robla, en la provincia de León (Terrón *et al.*, 1994), *Lecanora conizaeoides* es abundante en troncos de pino, pero no en chopos ni robles, mientras que *Physconia grisea* es también una de las especies más resistentes. *Lecanora conizaeoides* aparece también en La Coruña (Crespo *et al.*, 1981), en Ponferrada (Terrón *et al.*, 1985), pero no en Ferrol (Carballal *et al.*, 1991), ni en la Casa de Campo en Madrid (Crespo *et al.*, 1982). En estos últimos lugares, así como en Pamplona, la especie de *Lecanora* que parece abundar más es *L. chlarotera*.

Frente a la opinión generalizada de que los líquenes son sensibles a la contaminación atmosférica, también hay autores que lo negaron en los primeros años de estudio de estos temas y explicaban la ausencia de líquenes en las ciudades por otros motivos distintos al de la presencia de contaminantes. Entre otros, mencionaremos a los siguientes autores:

Rydzak (1969): opinaba que la acción tóxica de los contaminantes no era suficiente para explicar las condiciones de la flora liquénica en las ciudades. Decía que se requieren más estudios acerca de las dificultades ecológicas que encuentran los líquenes para su supervivencia y comentaba que también pueden deberse los cambios en la flora liquénica ciudadana al efecto de sequía que se da en ellas.

Klement (1966): decía que muchos líquenes terrícolas estaban desapareciendo en Alemania en lugares que no eran urbanos y achacaba la desaparición al efecto de cambios microclimáticos, que han estado afectando a los líquenes desde hace mucho tiempo y que provoca o la desaparición de líquenes o el cambio de especies.

Dejando a un lado estas últimas opiniones, que son poco compartidas en la actualidad, podemos decir que, en resumen y según los datos aportados por numerosos autores, los líquenes, cuando se utilizan como bioindicadores de la calidad atmosférica, cumplen con muchos de los requisitos que se creen necesarios para ser un buen indicador:

- — Son sensibles a los contaminantes, pueden acumularlos y presentan síntomas graduales del daño.
- — Exhiben la misma correlación entre su contenido en contaminantes y la que existe en el medio que les rodea bajo cualquier condición.
- — Son sedentarios, abundantes y de vida larga.
- — Son de tamaño adecuado y fáciles de muestrear.

De todas las características comentadas hasta ahora se deduce que los líquenes son bioindicadores tanto de zonas con problemas ambientales como de zonas ecológicamente estables, es decir, sirven tanto para detectar áreas contaminadas como áreas limpias, puras o no intervenidas. En el caso de áreas contaminadas, porque las especies sensibles desaparecen y manifiestan daños, y en el de áreas limpias, precisamente porque especies sensibles estarán presentes, vigorosas y con talos de muchos años.

LOS LÍQUENES Y EL SO_2 Y LA LLUVIA ÁCIDA

Formas de actuación del SO_2 en los líquenes

El SO_2 es, probablemente, el contaminante atmosférico que más se ha estudiado relacionándolo con líquenes.

La forma de actuación del SO_2 no se conoce por completo, pero a través de diversos experimentos se han demostrado algunos hechos. El SO_2 puede llegar a los líquenes por vía seca, en forma de SO_2, o por vía húmeda, en cuyo caso habrá reaccionado con agua formando H_2SO_3 o H_2SO_4. Mientras que la deposición en seco predomina a distancias cortas respecto al lugar de origen de la emisión de la contaminación, la deposición en húmedo se da a grandes distancias, en forma de lluvia ácida.

Cuando el SO_2 se deposita directamente sobre el liquen, el gas puede reaccionar con la humedad del talo o con el agua que puede haber en las paredes celulares, transformándose también en H_2SO_3. Después, las membranas celulares son poca barrera para el paso de este SO_2 disuelto en agua, es decir, en forma de ácido sulfuroso que, por tanto, puede penetrar con facilidad en el interior de la célula.

Dentro de las células, a no ser que el pH sea muy bajo, el H_2SO_3 se disocia y da iones bisulfito o sulfito HSO_3^- o $SO_3^=$. Ambos son muy reactivos y pueden interferir en muchos procesos metabólicos, por ejemplo en la fotosíntesis, pues alteran la clorofila.

Las reacciones son las siguientes:

$$SO_2 + H_2O \rightarrow H_2SO_3 \rightarrow HSO_3^- + H^+$$

$$\text{clorofila a} + 2H^+ \rightarrow \text{feofitina a} + Mg^{++}$$

Así se va destruyendo la clorofila, lógicamente del ficobionte, que cada vez sintetizará menos. Al final, el hongo rompe el equilibrio de la simbiosis liquénica porque agota las reservas de hidratos de carbono y acaba autodestruyendo el talo.

Los iones $SO_3^=$ y HSO_3^- también interfieren en la respiración y en la fijación del nitrógeno.

El SO_2 también parece tener capacidad para romper los enlaces de dos azufres que hay en algunos enzimas, según la reacción.

$$R\text{-}S\text{-}S\text{-}R + SO_2 \rightarrow R\text{-}S\text{-}SO_3^- + R\text{-}S^+$$

Así, resulta que los enzimas con este tipo de enlace quedan destruidos e inactivos.

A pesar de haberse confirmado experimentalmente que el SO_2 destruye la clorofila en líquenes sometidos a distintas concentraciones por periodos de tiempo relativamente cortos, de tan sólo algunas semanas o meses, algunos trabajos recientes parecen demostrar, o al menos hacen pensar, que los efectos a largo plazo de la contaminación son diferentes. Por ejemplo, Von Arb *et al.* (1990) recolectaron *Parmelia sulcata* de trece lugares con distintos niveles de contaminación dentro de una ciudad de Suiza, Biel. En las muestras hicieron muchas medidas y sus resultados fueron los siguientes:

— No había diferencias significativas entre el contenido proteico, la tasa de respiración y la de fotosíntesis entre los trece puntos, lo cual parece indicar que la contaminación no tienen efectos en esos parámetros.

— El contenido en clorofila era mayor, incluso en algunos casos hasta cuatro veces mayor, en los líquenes de la zonas más contaminadas. Es decir, no sólo no se destruía la clorofila, sino que se sintetizaba más. Explicaban este hecho porque en las zonas contaminadas de las ciudades también hay NO_x, que estimulan la síntesis de la clorofila.

— La velocidad de crecimiento, sin embargo, era hasta siete veces menor en los líquenes de áreas más contaminadas, mientras que, en las mismas áreas, la velocidad de liberación de hidratos de carbono asimilados por el ficobionte era hasta quince veces menor; esto impide la alimentación correcta del hongo y, quizá por eso, los líquenes crecen menos.

Todo esto parece indicar que la acción del SO_2 a largo plazo parece influir mucho más en el mecanismo de transferencia de carbohidratos del alga al hongo que en la fotosíntesis en sí.

Límites de tolerancia de los líquenes al SO_2

Muchos investigadores han hecho estudios relacionando la presencia de algunos líquenes con el contenido de SO_2 en su entorno. De esta forma, se ha visto que hay algunas especies que tienen límites de tolerancia muy bien establecidos, de manera que su presencia marca el límite superior de contenido de SO_2. En la tabla 3.2 figuran algunos de estos límites.

Especies	Soportan hasta
Ninguna	más de 170 μgr SO_2 / m^3 aire
Lecanora conizaeoides	150 μgr SO_2 / m^3 aire
Xanthoria parietina	70 „
Ramalina farinacea	60 „
Anaptychia ciliaris	40 „
Ramalina fraxinea	30 „
Lobaria amplissima	0 „

Tabla 3.2: *Relación entre algunas especies y su límite de tolerancia a concentraciones de SO_2* (Basado en Hawkswoth & Rose, 1970).

Aunque se dice que por encima de 170 μgr SO_2 /m^3 de aire no puede vivir ninguna especie de liquen, de hecho sí que se encuentran, pero entonces consiguen sobrevivir porque hay algún otro factor que hace que el pH aumente por encima de 7. Esta situación puede darse si, por ejemplo, además de contaminación por SO_2 hay contaminación por otras partículas que sean calizas y se depositen en forma de costra de polvo sobre los sustratos.

La Tabla 3.2 es en realidad una escala cualitativa con su equivalencia probable de [SO_2]. La primera escala de este tipo y, además, la más completa y más ampliamente usada fue confeccionada por Hawksworth & Rose (1970), después de muchas observaciones y medidas. Estudiaron paralelamente los líquenes epífitos del sur de Gran Bretaña y la concentración en el aire de SO_2; así pudieron establecer una relación entre la presencia de ciertos líquenes y el contenido máximo posible de SO_2 en el aire, pues vieron que había límites de tolerancia claros para muchas especies, de tal forma que, si la concentración de dióxido de azufre era superior a esos límites, las especies de líquenes desaparecían. En realidad son dos escalas, una para líquenes de cortezas no eutrofizadas, moderadamente ácidas y otra para líquenes de cortezas eutrofizadas, teniendo en cuenta la posibilidad de que, o bien de por sí las cortezas sean de pH elevado, o bien haya aportes externos de nutrientes. Ambas escalas constituyen un índice biótico cualitativo, para cuya utilización lo único que hay que hacer es identificar los líquenes epífitos del lugar de estudio y ver a qué nivel de contaminación corresponden. Las Tablas 3.3 y 3.4 presentan estas dos escalas.

En el mismo trabajo (Hawksworth & Rose, 1970) los autores aplicaban sus escalas a Gales y al sur de Inglaterra, obteniendo como resultado unos mapas de zonas de isocontaminación en función de los líquenes epífitos encontrados. En sus mapas se puede apreciar cómo las áreas más pobladas o más industrializadas son las que pertenecen a zonas con menor índice, porque son las más contaminadas.

Zona	Especies de líquenes	SO_2 ($\mu g/m^3$)
0	Epifitos ausentes	?
1	*Pleurococcus viridis* s.l. presente pero confinado a la base del tronco	> 170
2	*Pleurococcus viridis* s.l. sube por los troncos; *Lecanora conizaeiodes* presente pero confinada a la base	≈ 150
3	*Lecanora conizaeoides* sube por el tronco; *Lepraria incana* puede ser frecuente en la base	≈ 125
4	*Hypogymnia physodes* y/o *Parmelia saxatilis* o *P. sulcata* aparecen en la base, pero no se extienden por el tronco. *Lecidea scallaris, Lecanora expallens* y *Chaenotheca ferruginea* a veces presentes	≈ 70
5	*Hypogymnia physodes* o *Parmelia saxatilis* suben por el tronco hasta 2,5 m o más; aparecen *P. glabratula, P. subrudecta, Parmeliopsis ambigua* y *Lecanora chlarotera*; pueden aparecer *Calicium viride, Lepraria candelaris* y *Pertusaria amara*; *Ramalina farinacea* y *Evernia prunastri*, si aparecen, quedan confinadas en la base; *Platismatia glauca* puede estar en ramas horizontales	≈ 60
6	*Parmelia caperata* está al menos en las bases; hay gran riqueza en especies de *Pertusaria* y *Parmelia*; puede aparecer *Graphis elegans*; en zonas altas aparecen *Pseudevernia furfuracea* y *Alectoria fuscescens*	≈ 50
7	*Parmelia caperata, P. revoluta, P. tiliacea* y *P. exasperatula* se extienden por el tronco; aparecen *Usnea subfloridana, Pertusaria hemisphaerica, Rinodina roboris* y *Arthonia impolita*	≈ 40
8	Aparecen *Usnea ceratina, Parmelia perlata* o *P. reticulata*; *Rinodina roboris* se extiende por el tronco; generalmente aparecen *Normandina pulchella* y *Usnea rubiginea*	≈ 35
9	Aparecen *Lobaria pulmonaria, L. amplissima, Pachyphiale cornea, Dimerella lutea* o *Usnea florida*; si no están estas especies, hay muchas especies crustáceas bien desarrolladas, a veces más de 25 especies distintas en los árboles más grandes	< 30
10	Están presentes y pueden ser localmente abundantes *Lobaria amplissima, L. scrobiculata, Sticta limbata, Pannaria* spp., *Usnea articulata, U. filipendula* o *Teloschistes flavicans*	«puro»

Tabla 3.3: *Escala cualitativa para la estimación de la contaminación del aire por SO_2 en función de las especies de líquenes epífitas sobre árboles de cortezas no eutrofas. Debe tenerse en cuenta que la escala está hecha en Gran Bretaña, por lo que pueden aparecer especies que no se encuentren en otros países* (Tomado de Hawksworth & Rose, 1970).

Posteriormente, otros autores adaptaron la idea de Hawksworth & Rose, pero simplificando la lista de especies y reduciendo el número de zonas de isocontaminación a considerar; un ejemplo se puede ver en Ni Lamhna *et al.* (1988) acerca de la contaminación en Dublín, en el que reducen la escala a 5 niveles, según aparece en la Tabla 3.5. En la Fig. 3.3 puede verse un mapa de la zona de Dublín resultante del estudio que acabamos de mencionar.

Zona	Especies de líquenes	SO_2 ($\mu g/m^3$)
0	Epífitos ausentes	?
1	*Pleurococcus viridis* s.l. se extiende por el tronco	> 170
2	*Lecanora conizaeiodes* es abundante; *L. expallens* aparece a veces en la base	≈ 150
3	*Lecanora expallens* y *Buellia punctata* son abundantes; aparece *Buellia canescens*	≈ 125
4	*Buellia canescens* se hace común; aparecen en la base *Physcia adscendens* y *Xanthoria parietina*	≈ 70
5	Aparecen *Physconia grisea, P. farrea, Buellia alboatra, Physcia orbicularis, P. tenella, Ramalina farinacea, Haematomma coccineum* var. *porphyrium, Schismatomma decolorans, Xanthoria candellaria, Opegrapha varia* y *O. vulgata*; son comunes *Buellia canescens* y *Xanthoria parietina*	≈ 60
6	Aparecen *Pertusaria albescens, Physconia pulverulenta, Physciopsis adglutinata, Arthopyrenia alba, Caloplaca luteoalba, Xanthoria polycarpa* y *Lecania cyrtella*; se hacen abundantes *Physconia grisea, Physcia orbicularis, Opegrapha varia* y *O. vulgata*	≈ 50
7	Aparecen *Physcia aipolia, Anaptychia ciliaris, Bacidia rubella, Ramalina fastigiata, Candelaria concolor* y *Arthopyrenia biformis*	≈ 40
8	Es abundante *Physcia aipolia*; *Anaptychia ciliaris* tiene cuerpos fructíferos; aparecen *Parmelia perlata, P. reticulata, Gyalecta flotowii, Ramalina obtusata, R. pollinaria* y *Desmaziera evernioides*	≈ 35
9	Aparecen *Ramalina calicaris, R. farinacea, R. subfarinacea, Physcia leptalea, Caloplaca aurantiaca* y *C. cerina*	< 30
10	Igual que 9	«puro»

Tabla 3.4: *Escala cualitativa para la estimación de la contaminación del aire por SO_2 en función de las especies de líquenes epífitas sobre árboles de cortezas eutrofas. Igual que en la tabla 3.2, debe tenerse en cuenta que alguna especie puede no existir fuera de Gran Bretaña* (Tomado de Hawksworth & Rose, 1970).

Se aprecia en la Tabla 3.5 que en Irlanda los niveles de tolerancia son menores que en Inglaterra. Por ejemplo, *Lecanora conizaeoides, Parmelia caperata* y *Ramalina fastigiata* desaparecen en Irlanda por encima de 50, 30 y 10 µgr SO_2, mientras que en la escala de Hawksworth & Rose desaparecían por encima de 150, 40 y 40 µgr SO_2 respectivamente. La explicación que dan Ni Lamhna *et al.* (1988) es que en Irlanda llueve más que en Inglaterra, por lo que los líquenes pueden estar más tiempo metabólicamente activos y pueden absorber más SO_2, resultando al final más sensibles.

Esta explicación, que es muy lógica, hace pensar que hay que tener cuidado con el uso de la escala de Hawksworth & Rose. Es bastante exacta respecto al orden de desaparición de las especies y sirve bien para comparar zonas, pero

Zona	**Líquenes**	**Concentración de SO_2**
Zona 1	Desierto liquénico	> 50 µgr SO_2 / m^3 aire
Zona 2	*Lecanora conizaeoides* y *Lepraria incana*	20-50 µgr SO_2 / m^3 aire
Zona 3	*Parmelia saxatilis, Parmelia sulcata, Hypogymnia physodes*	
Zona 4	*Evernia prunastri, Parmelia caperata, Platismatia glauca*	< 20 µgr SO_2 / m^3 aire
Zona 5	*Usnea* spp., *Ramalina* spp.	

Tabla 3.5: *Líquenes que sirven para estimar las 5 zonas de isocontaminación y los niveles de SO_2 en el área de Dublín* (Basado en Ni Lamhna *et al.*, 1988).

sólo es cualitativa y los valores de concentración de SO_2 sólo son válidos en Inglaterra y Gales.

Por otra parte, como no todas las especies de la escala Hawksworth & Rose están en todo el mundo, se han hecho también estudios en otros lugares aplicando la misma metodología. Por ejemplo, para el área de Budapest (Farkas *et al.*, 1985), se definieron cuatro zonas, según figura en la Tabla 3.6; el mapa correspondiente se encuentra en la Fig. 3.3.

Zona	**Líquenes**
Zona 1	Desierto liquénico
Zona 2	*Scoliciosporum chlorococcum, Lecanora conizaeoides, Buellia punctata, Lecanora dispersa, Lecanora piniperda.*
Zona 3	Más líquenes crustáceos.
Zona 4	Flora liquénica normal, aparecen especies foliáceas como *Parmelia glabratula.*

Tabla 3.6: *Zonas de isocontaminación y líquenes indicadores de las mismas en el área de Budapest* (Según Farkas *et al.*, 1985).

En realidad, muchas especies de líquenes tienen sus niveles de tolerancia no en función de las concentraciones medias anuales de los contaminantes, sino de las medias de invierno y/o verano. En la tabla 3.7 se ven los valores límite para algunas especies en distintos lugares.

También se han hecho estudios para relacionar el daño que sufren los líquenes por causa de la contaminación con el daño potencial que podría darse en otras plantas. Se ha visto, por ejemplo (Kovács, 1992), que el grado de aparición de daños en el talo de los líquenes debido a SO_2 pueden corresponder a los que se dan en plantas vasculares según la Tabla 3.8.

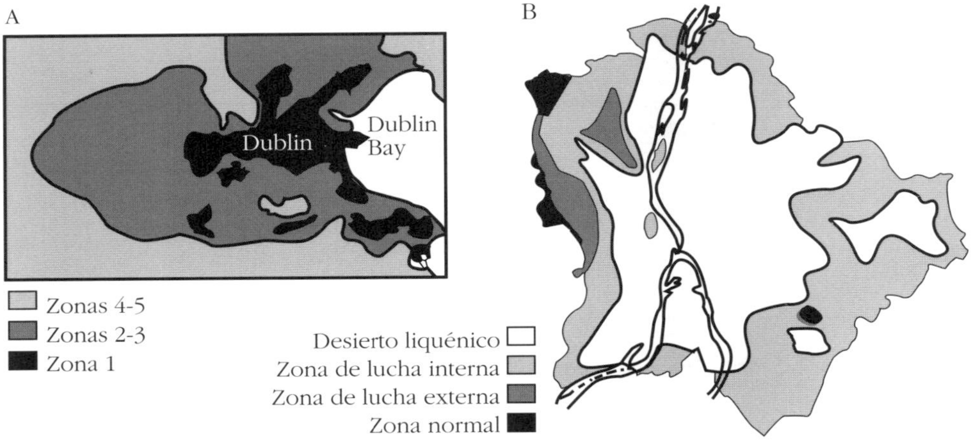

Fig. 3.3: *Mapas de áreas de isocontaminación en a/ Dublín* (según Ni Lamhna *et al.*, 1988) *y b/ Budapest* (según Farkas *et al.*, 1985).

ESPECIES	Concentración media SO_2 en µgr/m³ aire en:			
	UK (invierno)	COPENHAGUE (invierno)	NW FRANCIA (invierno)	NW FRANCIA (verano)
Pleurococcus viridis	>170	—	>170	120
Lecanora conizaeoides	150	—	150	100
Lecanora varia	110	—	—	—
Buellia punctata	125	90-110	70	50
Physcia tenella	60	80-90	60	40
Physcia ascendens	70	80-90	60	40
Hypogymnia physodes	60	90-110	60	40
Xanthoria parietina	70	—	60	40
Lecanora subfusca	—	70-80	—	—
Evernia prunasti	60	—	60	40
Pertusaria amara	—	—	60	40
Physconia grisea	60	—	40	30
Pseudoevernia furfuracea	50	—	—	—
Anaptychia ciliaris	40	40	40	30
Ramalina fraxinea	<30	—	40	30
Parmelia perlata	35	—	40	30
Parmelia acetabulum	60	—	40	30
Lobaria pulmonaria	<30	—	—	—
Usnea florida	<30	—	—	—
Lobaria amplissima	0	—	—	—
Sticta limbata	0	—	—	—

Tabla 3.7: *Valores límite de contaminación que soportan algunas especies de líquenes. La primera columna corresponde fundamentalmente a los valores de la escala de* Hawksworth & Rose (1970), *mientras que las otras están tomadas de* Lerond, 1984 (NW Francia) y Kovács, 1992 (Copenhague).

% liquen degenerado	Posible daño en plantas superiores
10-35	Clorosis y necrosis en hojas de coníferas y plantas cultivadas
35-60	El cultivo de plantas está limitado, las plantas ornamentales y las coníferas resultan muy dañadas
60-85	Límite al cultivo de plantas ornamentales sensibles, coníferas y árboles caducifolios, especies hortícolas y cereales
>85	Igual que caso anterior, pero incluso las plantas menos sensibles tienen su cultivo limitado

Tabla 3.8: *Posibles daños en plantas superiores en función del porcentaje de talos liquénicos degenerados como consecuencia de la contaminación* (Basado en Kovács, 1992).

Recuperación de los líquenes

Los efectos del SO_2 en las poblaciones liquénicas de las ciudades parecen reversibles. Se ha demostrado que cuando se consigue que el nivel de SO_2 del aire baje, los líquenes vuelven a reinstalarse en los árboles al cabo de algunos años. Por ejemplo, en Londres, gracias a las leyes que limitaban las emisiones de SO_2, se consiguió que el nivel bajara desde 130 µgr SO_2/m^3 en 1980 hasta entre 55 y 29 µgr SO_2/m^3 aire en 1988. Incluso ya en 1981, Rose &Hawksworth publicaron un estudio describiendo cómo se habían recolonizado algunas zonas de Londres, dado que los niveles de SO_2 habían descendido notablemente entre 1960 (200-250 µgr/m^3) y 1980 (<130 µgr/m^3). Tomaron muestras en 29 lugares y vieron que en muchos de ellos habían vuelto a instalarse líquenes, de forma que incluso algunos pertenecían a zonas 5 y 6 de pureza ambiental según la escala cualitativa de Hawksworth & Rose (1970); algunas de las especies que encontraron eran sumamente raras o estaban extinguidas según sus propios datos correspondientes al año 1970. También hicieron medidas de talos de tres especies, tomando 30 talos de cada una de ellas y midiéndolos durante un año para extraer curvas de crecimiento de esos líquenes; pudieron deducir así cuántos años hacía que esas especies estaban recolonizando los árboles de Londres: estimaron que hacía entre 3 y 7 años que los líquenes foliosos se habían establecido en Londres. En la Tabla 3.9 puede verse un resumen de los principales resultados de Rose & Hawksworth (1981).

En otros estudios se ha visto que el orden en que las especies reaparecen en las áreas en las que disminuye la contaminación no es exactamente el que podría esperarse según su sensibilidad. Por ejemplo, algunas especies de las clases 6 y 7 de la escala de Hawksworth & Rose reaparecen antes que algunas de las clases 4 y 5, que incluso pueden no reaparecer; es decir, se reinstalan antes especies que son menos tolerantes. Para interpretar este hecho se ha señalado que algu-

Especie	Situación en 1970	Situación en 1981	
		nº de lugares	% sobre 29
Evernia prunastri	Extinta; vista por última vez en 1800	8	27,6
Hypogymnia physodes	Rara o extinta; vista por última vez en 1957	16	55,2
Parmelia caperata	Extinta; vista por última vez en 1800	1	3,4
Parmelia subaurifera	Extinta; vista por última vez en 1800	7	24,1
Parmelia sulcata	Rara; una sola cita en 1968	13	44,8
Usnea subfloridana	Visto el género por última vez en 1800	2	6,9

Tabla 3.9: *Evolución de la situación de seis especies de líquenes en Londres, entre 1970 y 1980* (Basado en Rose & Hawksworth, 1981).

nas especies, por tener isidios y soredios, tienen mayor capacidad recolonizadora; precisamente muchas de las especies de las clases 6 y 7 se caracterizan por tener estas estructuras reproductoras, mientras que su desarrollo es más raro en las especies de las clases 4 y 5. Estas observaciones, trasladadas a cualquier caso hipotético general, querrían decir que cuando en un lugar bajan los niveles de contaminación, se puede esperar que los líquenes recolonicen el lugar, pero no necesariamente en el orden inverso de desaparición que supuestamente se dio cuando, en tiempos anteriores, la contaminación fue aumentando.

Otros casos ilustrativos de recuperación de la flora liquénica son los que están representados en la Fig. 3.4.

Usnea subfloridana era un liquen común en el Reino Unido, de amplia distribución hasta 1800, fecha en la que empezó a desaparecer rápidamente a consecuencia del aumento de la contaminación de una gran zona en el centro de Gran Bretaña; es la zona separada por una línea continua en el mapa de la Fig. 3.4 A. A partir de 1970 se ha vuelto a encontrar recolonizando antiguas áreas, pues se ha localizado en puntos donde desde 1800 no se había vuelto a encontrar; las flechas en el mapa de la Fig. 3.4 A señalan la dirección del avance de las recolonizaciones. Se interpreta que este hecho se debe a la implementación de las leyes de protección del ambiente atmosférico en Gran Bretaña y que demuestra su efectividad. *Usnea subfloridana* se reinstala preferentemente sobre fresnos y sauces. Estos árboles son los primeros en ser recolonizados porque ofrecen facilidades, pues sus cortezas son más blandas, tienen pH más alto y tienen también mayor capacidad de retención de humedad, al contrario que los robles, que se recolonizan peor, sobre todo debido al pH de su corteza, que varía entre 2,9 y 4.

Otro caso parecido es el de *Lecanora muralis* en el área de Yorkshire en Gran Bretaña, representado en el mapa de la Fig. 3.4 B. Se aprecia en él claramente cómo, desde 1969 hasta 1990, el liquen ha aumentado mucho su área de distribución. También se dice que esta mayor abundancia actual es debida a la entrada en vigor de las leyes de Aire Limpio de 1956 y 1968.

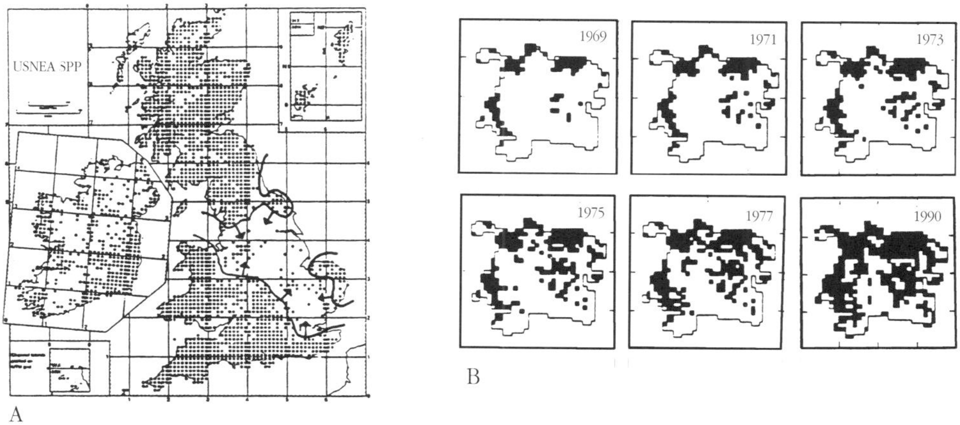

Fig. 3.4: *Mapas ilustrativos de cómo dos especies de líquenes han aumentado sus áreas de distribución como consecuencia de las mejoras en la calidad del aire. A,* Usnea subfloridana *y B,* Lecanora muralis (Según Richardson, 1992 y Hendersón - Sellers *et al.*, 1979).

En la Fig. 3.5 se refleja otro caso similar a los anteriores, también demostrativo de cómo pueden reinstalarse los líquenes cuando mejora la calidad del aire en una zona. La figura representa las zonas de isocontaminación en el área de Sudbury (Canadá), donde hay varios focos contaminantes, en dos fechas diferentes, 1968 y 1990. Se ve claramente cómo, en 1990, las condiciones han mejorado substancialmente: ha desaparecido la zona 1, que es la de mayor contaminación, y las zonas 2 y 3 han reducido mucho su superficie; es decir, en 1990 hay mayor superficie caracterizable como poco contaminada. Las líneas de isocontaminación para determinar zonas se hicieron mediante cálculos del índice de pureza atmosférica (IPA), que estudiaremos un poco más adelante. La mejora en las condiciones ambientales, que se reflejó en las poblaciones liquénicas, se debió a la

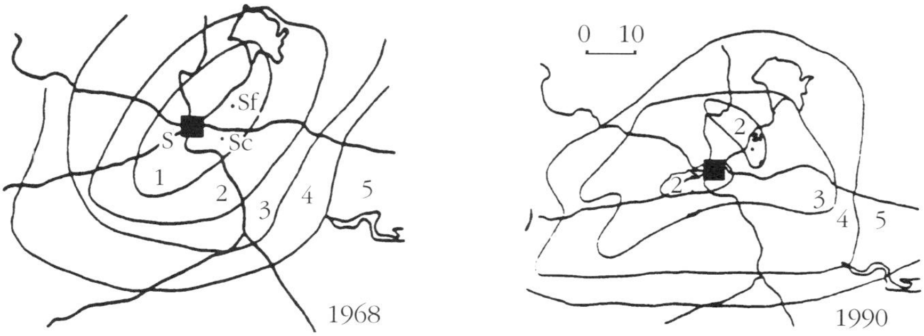

Fig. 3.5: *Zonas de calidad atmosférica en 1968 y 1990 en los alrededores de Sudbury (Canadá), determinadas mediante cálculo de los índices de pureza atmosférica. S, Sf y Sc señalan la situación de tres fundiciones, como focos contaminantes. Explicación más detallada en el texto* (Tomado de Richardson, 1992).

reducción en las inmisiones de SO_2 por la construcción de una chimenea que, en aquel momento, era la más alta del mundo.

En algunos casos, el enriquecimiento en especies de líquenes no se debe a que baje el nivel de SO_2, sino a que aparece un nuevo contaminante que sea rico en nutrientes, por ejemplo, polvos fertilizantes. Así pueden extenderse algunas especies nitrófilas como *Xanthoria polycarpa*, otras *Xanthoria*, *Lecanora dispersa*, *Phaeophyscia orbicularis*, *Rinodina gennarii* y *Scoliciosporum umbrinum*.

Del conjunto de trabajos acerca de recolonización de áreas por líquenes se deduce que los líquenes invaden un área, o pueden hacerlo, entre cinco y diez años como término medio, después de que disminuya la contaminación.

A pesar de lo dicho hasta ahora acerca de la recuperación de flora liquénica, por desgracia, hay muchos más datos acerca de la rápida desaparición de líquenes como resultado de la contaminación por expansión de las urbanizaciones y de la industrialización, que de recolonización por disminución de polución. He aquí algunos datos llamativos:

— En el condado de Suffolk (Gran Bretaña) se habían censado, entre 1912 y 1921, 129 especies de líquenes. En 1972-1973, 62 de ellas no se pudieron volver a encontrar.

— En Estados Unidos, en un parque natural de Indiana, había 110 especies de líquenes en 1896, de las que sólo se pudieron localizar el 20% en 1985. En otro parque natural, de Ohio, de donde se conocían 151 especies entre 1895 y 1917, sólo se reencontraron el 20% en 1985. En ambos casos se atribuyó la razón del descenso de diversidad liquénica a la contaminación del aire. ¡Y son parques naturales de Estados Unidos!

LOS LÍQUENES Y LOS METALES PESADOS

Formas de actuación de los metales pesados y daños que producen en los líquenes

Los líquenes acumulan metales tanto atrapando partículas insolubles, generalmente óxidos y sulfatos, como incorporándolos a sus paredes celulares por intercambio iónico, a partir de disoluciones, por ejemplo, en agua de lluvia.

Se cree que el mecanismo de absorción de metales es así:

$$M^{2+} + R\left\langle\begin{matrix}COOH\\COOH\end{matrix}\right. \rightarrow R\left\langle\begin{matrix}COO\\COO\end{matrix}\right\rangle M + 2H^{+}$$

R-$(COOH)_2$ es una proteína de la pared. La afinidad de los metales por los grupos COOH es distinta de unos a otros, por lo que se pueden desplazar unos a otros. También depende la afinidad de la cantidad de metal que haya, pues a veces se incorpora el más abundante y no el más reactivo.

Para una especie de *Umbilicaria* se ha visto que la secuencia de afinidad es: Cu > Pb > Zn > Ni > Mg > Sr > K. Los iones metálicos se unen tanto a las paredes de las células del alga como a las del hongo. En *Umbilicaria* se ha visto que el Ni tiene mayor concentración en la capa algal, pero en conjunto, es decir, como cantidad total, se acumula en mayor cantidad en el componente fúngico, pues hay más cantidad de hongo que de alga (Richardson *et al.*, 1983). En cambio, en *Ramalina*, se ha visto que el Pb tiende a fijarse sobre todo en los córtex (Garty *et al.*, 1990).

Bargagli *et al.* (1987) también estudiaron dónde y cómo se fijan los metales pesados. Para ello compararon el contenido en Hg, Pb, Zn, Cu, Cr, Mn, Fe, Se y Al en tres especies de *Parmelia*: *P. caperata*, *P. saxatilis* y *P. sulcata*. Se recolectaron muestras en tres lugares de Italia de diferentes características: uno en zona contaminada con Hg, otro a 300 m de una autopista y el último en una zona alejada de focos emisores de contaminación. Para hacer los análisis se separaron submuestras: por un lado, porciones periféricas de un año de edad como máximo y por otro, porciones internas, a 2 cm del margen y de unos cuatro años de edad.

Los resultados obtenidos fueron, resumidos, los siguientes:

— Las tres especies de *Parmelia* absorben cantidades de metales comparables, por lo que se deduce que las tres pueden servir como biomonitoras.

— Las submuestras de las zonas internas tienen siempre más cantidad de metales y las diferencias son estadísticamente significativas para todos los metales (para el que menos significativas son las diferencias es para el Hg). De aquí se deduce que conviene coger siempre en todas las muestras las mismas zonas de talo.

— Los contenidos de Cu y Pb están correlacionados entre sí, así como los contenidos de Al, Fe, Zn, Se y Mn lo están entre ellos. Y entre ambos grupos no hay correlación fuerte. Explican este hecho porque las fuentes emisoras de los metales Cu y Pb son las mismas; y también son las mismas, y diferentes de las anteriores, las fuentes de Al, Fe, Zn, Se y Mn.

— Para los análisis utilizaron muestras lavadas con agua desionizada y otras que no habían sido lavadas y vieron que en las lavadas sólo bajaba el contenido de Cr, Pb y Se, pero todos los demás metales no mostraron variaciones señaladas. Por ello, concluyen que la mayor parte de los metales debe acumularse en zonas que no pueden ser lavadas, por ejemplo, en forma de partículas en los espacios intermedulares. Proponen que, además, esta localización es la que permitiría a los líquenes acumular grandes cantidades de metales pesados sin sufrir daños aparentes, pues en los espacios intermedulares las partículas hacen poco daño.

Experimentalmente se ha visto que hay tres clases diferentes de metales en función de su afinidad por distintos grupos químicos:

— **Metales de clase A**: Na, K, Ca, Mg y U. Se unen a grupos carboxilo y a grupos que, en general, tengan oxígeno.

— **Metales de clase B**: Hg, Tl, Ag. Se unen con preferencia a grupos que tengan azufre o nitrógeno, como los sulfhidrilo de algunos enzimas y los amino de algunos aminoácidos. Por esto son muy tóxicos, porque afectan a moléculas muy importantes en el metabolismo.

— **Metales de la 3ª clase, llamados metales-frontera**. Son intermedios y funcionan como si fueran de clase A o B según su concentración y según qué metal sea. Muchos de ellos son micronutrientes, esenciales por tanto a bajas concentraciones, pero tóxicos por encima de una cierta concentración. En este grupo se acepta generalmente el siguiente orden de toxicidad: Fe < Zn < Ni < Co < Cr < Cd < Cu < Pb. Esta secuencia, hasta cierto punto, refleja la afinidad creciente de los metales correspondientes por grupos con S, típico de la clase B.

Algunos metales absorbidos por intercambio iónico en la pared celular no se quedan en ésta, sino que se van liberando a mayor o menor velocidad hacia el interior de las células. Se ha visto que algunos metales que son macronutrientes, como el K, se acumulan predominantemente en el interior de las células y que su afinidad por la pared es débil y transitoria. Otros, como Zn, Mg y Ca, se unen mucho más fuertemente a las paredes, aunque alguna cantidad pasa también al interior de las células. Parece que, en algunos casos, el paso a las células depende del tiempo de exposición y de la concentración, pues en experimentos con *Cladonia* y *Peltigera* tratados con Zn se vio que, en talos sometidos a pocas horas de exposición a Zn, sólo aparecía un 10% del Zn suministrado en el interior de las células; sin embargo, en talos recogidos en zonas naturales, con concentraciones de Zn en el aire mucho más bajas que las suministradas experimentalmente, pero con tiempos de exposición muchísimo más largos (todos los años que hubiera vivido el liquen bajo ese foco contaminante), se encontró que el 50% del Zn total era intracelular (Brown, 1985).

Cuando los líquenes acumulan metales atrapando partículas lo hacen mediante las hifas fúngicas, que en su crecimiento rodean e incorporan al talo todo tipo de partículas de rocas, polvo, contaminantes, etc. Luego, una vez atrapados, los metales podrían ser incorporados a las paredes y las células por intercambio iónico, si es que llegan a disolverse en el agua intercelular de la médula del liquen.

Los daños que producen los metales en los líquenes son variados. Algunos parecen poco tóxicos, por ejemplo el Fe: hay especies de *Chiodecton*, *Heterodermia*, *Ramalina*, *Parmelia* y *Teloschistes* viviendo tranquilamente y sin daño aparente encima de balas de cañón y cañones hechos con hierro en Haití (son las armas de un castillo que fue construido para defenderse de los franceses en 1807-1820 y que nunca tuvieron que ser utilizados pues los franceses nunca reinvadieron la isla) (Richardson, 1992).

En cambio el Zn y, sobre todo, el Pb y el Cu, son más dañinos. Sus efectos se pueden ver en troncos por debajo de donde pasan cables eléctricos que contienen Zn, o en tejados alrededor de los soportes galvanizados de las antenas de televisión (o sea, recubiertos de Zn), o en lugares donde se atan cables de teléfono que llevan Cu. El efecto del Pb se puede ver en lugares curiosos, como piedras de tumbas, en las que en las letras se pone plomo para que resalten. En todos estos casos, y cualquier otro en el que haya cualquier material próximo a objetos con alto contenido en metales, se nota que desaparecen los líquenes. Lo que ocurre es que el agua de lluvia arrastra algunos iones metálicos, que llegan a los talos liquénicos. Se van absorbiendo por intercambio iónico hasta que se agota la capacidad de la pared para el intercambio y entonces el metal pasa al interior de las células, dañando enzimas y, al final, matando al liquen. Además, se ha visto experimentalmente que algunos iones de metales tóxicos pueden intercambiarse con los iones metálicos esenciales de metaloproteínas, haciéndolas degenerar.

También experimentalmente se ha visto que algunos metales, por ejemplo el Cu, acaban dañando las paredes celulares; o, por ejemplo, el Cd y el Zn se acumulan en los cloroplastos, impidiendo al fin su funcionamiento normal.

Algunos líquenes tienen resistencia especialmente marcada a algunos metales, por ejemplo, algunas especies de *Lecanora* frente al Cu. Se ha visto que la resistencia se debe a que el liquen segrega ácido oxálico, que reacciona con los metales para formar oxalatos que son insolubles y, por tanto, se vuelven inofensivos.

Utilización de los líquenes como biomonitores de metales pesados

Muchas especies de líquenes (*Caloplaca aurantia*, *Hypogymnia physodes*, *Parmelia caperata* y especies de *Cladonia*, *Lecanora*, *Umbilicaria* y *Ramalina*) se han utilizado en estudios acerca de la contaminación por metales pesados, ya que son adecuadas como bioindicadores, pues son capaces de acumularlos. En concreto, *Cladonia rangiferina* se ha utilizado para medir U, Fe, Pb y Ti; *Parmelia caperata* ha sido útil como bioacumulador de Cr; *Hypogymnia physodes*, *Cladonia* sp. y *Collema* sp. de Hg; *Hypogymnia physodes*, además, acumula Fe, Zn, Ti y V.

Para detectar metales pesados son igualmente adecuados los líquenes cortícolas, los saxícolas o los terrícolas, aunque en algunas ocasiones unos han dado mejores resultados que otros; por ejemplo, en el caso del Pb emitido por el tráfico de una autopista, se vio que los líquenes terrícolas tipo *Cladonia* absorbían más y a mayor distancia que los saxícolas o epífitos. La regla general es que, para todos los líquenes, la absorción y la acumulación de metales pesados disminuye al aumentar la distancia al foco emisor.

Para medir el contenido en metales pesados, primero hay que limpiar las muestras, para eliminar resto de polvo, basuras y también zonas muertas o decoloradas del liquen, porque esas zonas accidentadas podrían provocar errores en los resultados de los análisis. Si para limpiar las muestras se lavan con agua, hay que tener en cuenta el efecto que pueda tener el lavado, pues hay algunos metales que se pierden al lavar, como el Ca y el K. Otros metales, en cambio, no se pierden, como los metales pesados en general y, en concreto, el Cu, y el Cd. Así que si lo que se va a investigar es metales pesados, no tiene repercusión que se laven las muestras con agua. Después de la limpieza se somete al liquen a diversas manipulaciones, como machacado y molienda.

Para analizar el contenido en metales pesados (o cualquier elemento) hay muchos y muy sofisticados métodos, como espectrometría de absorción atómica, polarografía con control por microprocesadores, espectroscopía de emisión de plasma acoplado inducido, activación neutrónica, etc. Otros métodos más sencillos, pero menos exactos, como las técnicas de colorimetría y fluorescencia de rayos X, pueden ser útiles si lo que interesa no son valores exactos, sino comparar valores relativos. Estas últimas técnicas, además, no son destructivas, por lo que las muestras quedan para posteriores análisis si se desea.

Debido a su carácter acumulador, los líquenes son excelentes biomonitores del contenido en metales de la atmósfera alrededor de fundiciones, zonas industriales, minas, áreas urbanas y vías de comunicación.

En la bibliografía existe amplia información acerca de todas estas utilizaciones de los líquenes para biomonitorizar metales pesados alrededor de algunos focos de emisión. A continuación exponemos algunos ejemplos.

En la Fig. 3.6 están representados los resultados de tres estudios diferentes realizados alrededor de una fundición en Canadá, en las cercanías de una carretera en Checoslovaquia y alrededor de una mina de mercurio en Italia.

A) La fundición está situada en Sudbury (Ontario, Canadá) y provoca contaminación por metales pesados en sus alrededores. Richardson *et al.* (1981) (ver Fig. 3.6 A) estudiaron en concreto cómo variaba el contenido en hierro y níquel en *Stereocaulon* al aumentar la distancia a la fundición. La gráfica indica que, como es normal, el contenido en ambos metales disminuye al aumentar la distancia entre el liquen y el foco emisor, pero la disminución es muy acusada cuando se consideran distancias pequeñas respecto al foco emisor, mientras que al considerar distancias más grandes, la disminución en las concentraciones de los dos metales es mucho menos acusada, hasta llegar a una distancia en la que ya no parece influir el foco emisor, pues las concentraciones ya no cambian al seguir aumentando la distancia. Como puede apreciarse en la gráfica, *Stereocaulon* contiene mayor cantidad de hierro que de níquel; esto puede deberse, o bien a que la fundición desprenda más Fe que Ni, o a que *Stereocaulon* tenga mayor capacidad para absorber el Fe que el Ni.

B) En el caso de la carretera (Kral *et al.*, 1989) sirvió como bioindicador *Hypogymnia physodes*. Se midieron en este liquen las concentraciones

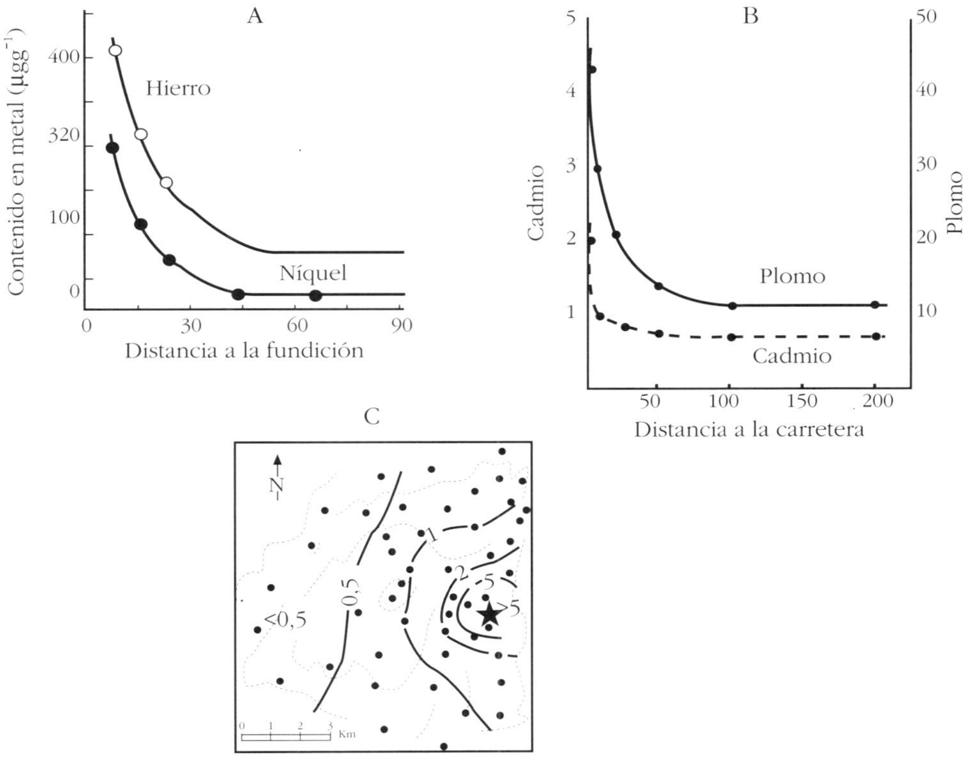

Fig. 3.6: *Tres situaciones distintas que reflejan la capacidad de los líquenes para monitorizar la presencia de metales pesados en la atmósfera. A, alrededor de una fundición de Cu en Sudbury, Canadá* (Richardson *et al.*, 1981); *B, aumentando la distancia a una carretera en Checoslovaquia* (Kral *et al.*, 1989); *C, alrededor de una mina de mercurio en Italia* (Bargagli *et al.*, 1987 b) (Tomado de Richardson, 1992)

de Pb (procedente con seguridad de la combustión de la gasolina) y Cd, en muestras tomadas a distancias de una carretera progresivamente mayores. La Fig. 3.6 B permite ver que los resultados son muy parecidos a los del caso anterior: las concentraciones caen muy rápidamente cuando la distancia a la carretera es relativamente pequeña, y mucho menos acusadamente cuando las distancias son mayores. En relación también con carreteras y metales pesados, Kovács (1992) llegó a la conclusión de que los líquenes, en concreto algunas especies de *Cladonia*, son más sensibles a algunos metales, como Ti o Fe, que algunos musgos como *Polytrichum* o *Sphagnum*.

C) Las minas son potencialmente dañinas pues los trabajos que se realizan en ellas generalmente provocan contaminación en sus alrededores por producción de polvos en distintas circunstancias: al tratar las menas, por extraer o romper el mineral, por los canales de ventilación, por los acúmulos de ganga al aire libre, etc. Los polvos serán más peligrosos cuanto más tóxico sea el metal o los metales que contenga el mineral que se explota. En la Fig. 3.6 C se representan los niveles de Hg en *Parmelia sulcata* en Italia en función de la distancia a una mina de cinabrio; los puntos son los lugares en que se tomaron muestras de liquen y las líneas continuas indican los diferentes niveles de contaminación que se encontraron. También se han utilizado otras especies de líquenes para controlar la influencia de los metales procedentes de minería, por ejemplo *Cladonia rangiferina* que se utilizó para estudiar la influencia de una mina de uranio en Canadá (Beckett *et al*., 1982). Por cierto que en este caso se advirtió que la influencia de la mina de U se extendía hasta 22 Km de distancia, donde aun era posible detectar cantidades de radón, uranio, radio y torio.

Un trabajo muy interesante es el de Garty (1988), en el que se monitorizó el efecto de la puesta en funcionamiento de una central térmica en Israel. El estudio se hizo con *Ramalina duriaei*, epífito de *Ceratonia siliqua*; se eligió este liquen por ser una especie común en Israel, que crece en ramitas fáciles de separar del árbol y cuyo talo se separa con facilidad del sustrato. Se hicieron transplantes en dos fechas diferentes a un mismo lugar:

— 1er transplante, de febrero de 1979 a marzo de 1980, antes de ponerse en marcha la central térmica.

— 2º transplante, de diciembre de 1981 a diciembre de 1982, después de ponerse en marcha la central térmica.

Durante la primera exposición se hicieron también transplantes «in situ» y durante la segunda se guardaron talos congelados, con el fin de utilizar los datos de estas muestras como control. En el estudio se obtuvieron los siguientes resultados:

— El contenido en Pb aumentó en el 2º transplante; se supone que es debido al incremento de tráfico registrado en la zona como consecuencia de la puesta en marcha de la central.

— El Ni y el Cr también aumentaron; se supone que, sobre todo para el Ni, el aumento se debía a que en la central se quemaba carbón y petróleo.

— El Zn, en cambio, disminuyó; se supone que fue porque en la zona se dejaron de utilizar en ese tiempo, o se utilizaron en menor cantidad, compuestos con Zn que antes se habían empleado en los cultivos de limones y nueces pecan.

Los líquenes también se han utilizado para hacer seguimientos de la concentración de metales pesados atmosféricos en zonas geográficas muy amplias, por ejemplo en Dinamarca (Pilegaard *et al*., 1979). Utilizaron *Hypnum cupressiforme* (briófito), *Hypogymnia physodes* y *Lecanora conizaeoides*, tomando muestras de las tres especies cuando eran epífitas de haya y analizaron Cd, Cr, Cu, Fe, Mn, Ni, Pb, V y Zn en 21 lugares repartidos por todo el país. De sus resultados se desprende que:

— El musgo *Hypnum cupressiforme* tiene para todos los metales, excepto para el Zn, las mayores concentraciones (es el que mejor detecta).

— *Hypogymnia physodes* tiene el máximo para el Zn y más concentración de todos los demás metales, excepto Cr y Ni, que *Lecanora.*

— La concentración de la mayoría de los elementos aumenta hasta 5 veces desde el NW del país hacia el SE; la contaminación parece aumentar hacia Europa (Alemania).

— Globalmente, como la concentración de los metales depende de las especies utilizadas y del lugar donde estén, para estudios amplios es necesario elegir bien la especie, porque las que funcionan bien en unos lugares pueden no hacerlo en otros.

También se han utilizado líquenes para hacer biomonitorización «hacia el pasado». Para ello se han estudiado los contenidos en algunos metales pesados en muestras de herbario recolectados hace años. En la Tabla 3.10 se recogen los resultados que se obtuvieron en un estudio hecho con material liquénico recolectado en distintos lugares de Ohio y West Virginia (Schutte, 1977).

Lugar	**Año**	**Contenido en Cr en μgr/gr peso seco**
Franklin	1883	4,78
	1961	8,85
	1976	22,0
Butler	1907	7,81
	1961	9,01
	1976	15,30
Hocking	1933	8,53
	1961	9,64
	1975	12,80
Hancock	1962	14,80
	1975	31,20
Wood	1962	15,50
	1975	33,20

Tabla 3.10: *Contenido en Cr en líquenes recolectados en 5 lugares diferentes entre los años 1883 y 1976. Obsérvese cómo, en todos los casos, el contenido en las muestras más recientes (1975 ó 1976) es mucho mayor que en las más antiguas* (Basado en Schutte, 1977).

Vimos en un apartado anterior que, cuando el nivel de SO_2 disminuía en la atmósfera de un lugar, algunos líquenes eran capaces de volver a recolonizar los sustratos adecuados; pues bien, de forma paralela, se ha visto que, cuando desaparecen o bajan los contenidos de metales pesados en el aire, los líquenes que hubiera en esa zona, que tendrían un cierto contenido en metales contaminantes, también se liberan de ellos al cabo de un tiempo. Se ha calculado que el tiempo medio de residencia biológica de los metales en el interior de un liquen es de dos años; este será, por consiguiente, el tiempo mínimo que tardarán los líquenes en reflejar la mejoría en las condiciones atmosféricas.

Se ha discutido acerca de la idoneidad para captar metales pesados de los líquenes, frente a la de los captadores físicos, tales como el agua de lluvia, o a la de simples fragmentos de materia orgánica inerte, como puede ser el esparto. Sobre este tema hay algún trabajo, como el de Tarazona Lafarga *et al.* (1994) en el que, después de hacer transplantes a cuatro puntos de Madrid con *Ramalina farinacea* (liquen fruticuloso), *Lasallia pustulata* (liquen foliáceo umbilicado), y masas de esparto, analizaban el contenido en Zn, Cd, Mn y Pb en muestras de los tres elementos transplantados y en el agua de lluvia recogida en las bolsas de los transplantes a lo largo de un año. Entre las conclusiones que alcanzan, destacan las siguientes:

— en todas las zonas se detecta contaminación por Zn, en dos de ellas por Pb, mientras que la contaminación por Cd y Mn es casi inexistente,

— el liquen fruticuloso es mejor detector de contaminantes que el foliáceo,

— el comportamiento de los líquenes y del esparto como captadores de Pb y Mn es similar, con oscilaciones paralelas a lo largo del año,

— las oscilaciones en el contenido en metales están relacionadas con las precipitaciones: la lluvia favorece la absorción, puesto que estimula el metabolismo.

Por último, en relación a los líquenes y a su facilidad para acumular metales, hay que comentar que algunos líquenes crustáceos, algunos foliáceos como *Peltigera*, o fruticulosos como *Cetraria*, muestran algunos síntomas particulares cuando viven en rocas que contienen ciertos metales. Por ejemplo, algunos talos se ponen de color marrón-ferrugíneo cuando crecen en zonas con Fe, o los bordes del talo se ponen verdes y los apotecios verde oscuro en donde hay rocas con Cu. Estos cambios de color, e incluso el simple hallazgo de talos enriquecidos en un metal, pueden dar pistas de la existencia de minerales útiles para minería. En Canadá sucedió que se descubrió que algunas especies de *Cetraria* de cierto lugar tenían un contenido elevado en Cu y, al mismo tiempo y de forma independiente, una compañía minera descubrió un nuevo depósito de mineral de cobre explotable.

LOS LÍQUENES Y OTROS CONTAMINANTES

Otras sustancias que se han estudiado en relación a los líquenes son los compuestos de flúor, como el FH, y los oxidantes fotoquímicos.

Respecto al primero, se sabe que hay varias especies capaces de almacenar flúor, por ejemplo, *Cladonia pyxidata, Evernia prunasti, Letharia vulpina, Parmelia saxatilis, Peltigera canina* y *Xanthoria parietina.* Además, como consecuencia de la acumulación de flúor, los líquenes cambian de color y de aspecto: el talo se vuelve más blanco-grisáceo, al tiempo que disminuye su tamaño. En casos graves, los talos terminan por desprenderse del sustrato y mueren. La cobertura de líquenes saxícolas disminuye mucho, especialmente la debida a líquenes fruticulosos y foliáceos.

También se ha visto, mediante transplantes, que *Pseudoevernia furfuracea* y *Parmelia sulcata* son sensibles al FH, mientras que *Parmelia acetabulum* es más resistente. El contenido que pueden llegar a tener los líquenes en FH depende, entre otros factores, de la humedad del aire: en *Parmelia caperata,* las cantidades son mayores al aumentar la humedad. (Perkins *et al.*, 1980). También depende de la proximidad o lejanía al foco del emisor, cumpliéndose, naturalmente, que a mayor distancia del foco contaminante, menor concentración.

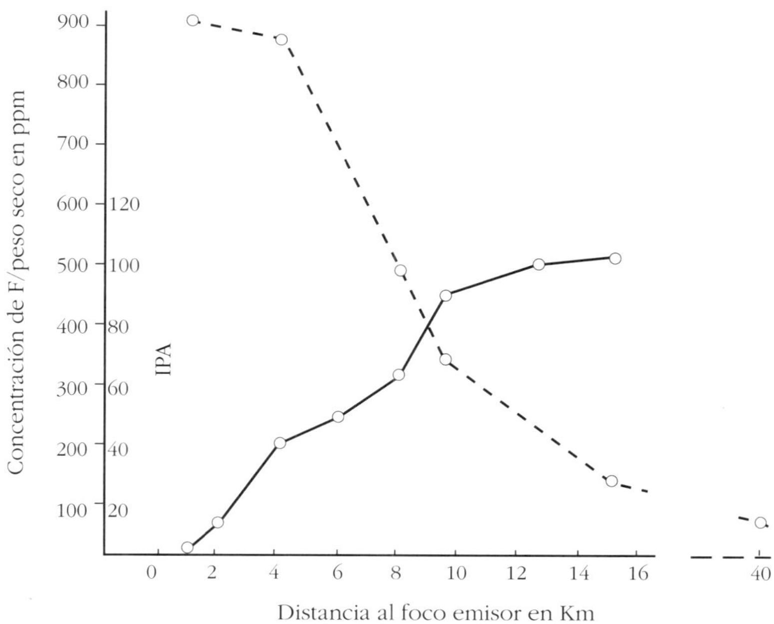

Fig. 3.7: *Relación entre el contenido en F en* Parmelia sulcata *(linea discontinua) y el IPA (línea continua) al aumentar la distancia a una factoría contaminante. Obsérvese cómo, al tiempo que disminuye la concentración de F en el liquen como consecuencia del alejamiento del foco emisor, aumenta el IPA, reflejando en el conjunto de flora liquénica la mejoría de las condiciones ambientales* (Basado en Leblanc *et al.*, 1972).

En Arvida (Canadá) Leblanc *et al.* (1972) aplicaron el cálculo del IPA (ver apartado de índices bióticos) en una zona contaminada por compuestos fluorados y el resultado fue similar a los que se obtienen cuando la contaminación es principalmente por SO_2. Además, calcularon la relación entre la concentración de F en *Parmelia sulcata,* el IPA y la distancia a la fábrica emisora. Los resultados se pueden ver en la Fig. 3.7.

Respecto a los oxidantes fotoquímicos, los líquenes que sufren sus efectos se decoloran y los talos se compactan. Algunas especies son muy sensibles, como *Peltigera canina* y *Ramalina farinacea*; otras son sensibles, como *Collema nigrescens* y *Parmelia quercina*; otras, moderadamente tolerantes, como *Parmelia glabrata*; y otras, en fin, tolerantes como *Letharia vulpina, Physcia biziana* y *Physconia grisea* (Sigal *et al.*, 1983).

TRANSPLANTES DE LÍQUENES

Se hacen transplantes cuando se quiere biomonitorizar algún factor ambiental en lugares donde no hay líquenes adecuados, porque la contaminación los haya hecho desaparecer o porque estén en muy mal estado.

Para hacer transplantes se toman muestras de líquenes en lugares de aire limpio y se instalan donde interese. Como a menudo ocurre que tampoco hay árboles o estructuras adecuadas que sirvan de soporte al transplante, a veces es necesario confeccionar un «árbol» artificial. Se ha visto muy adecuado el artefacto que aparece en la Fig. 3.8.

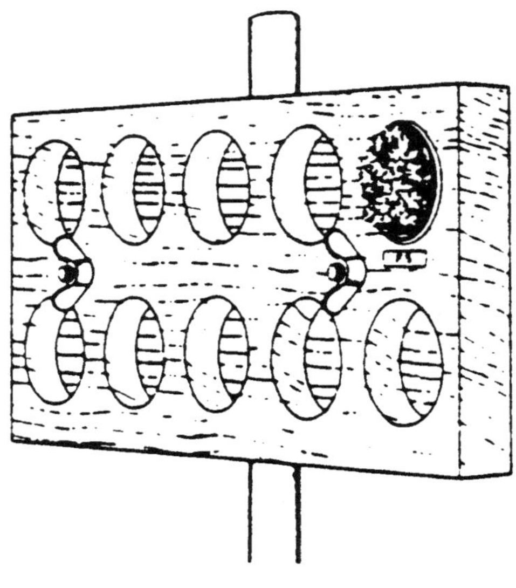

Fig. 3.8: *Aspecto de un soporte para transplante de líquenes. Explicación en el texto* (Brodo, 1961 y Schoenbeck *et al.*, 1971).

El método que se recomienda para hacer los transplantes es como sigue: se toman muestras del liquen que se va a transplantar de 42 mm ∅ x 15 mm de grosor, se llevan a los agujeros del soporte, que miden un poquito más, 45 mm ∅ x 25 mm de fondo y se fijan con una resina especial. La tabla con los agujeros mide 29 x 12 x 2,5 cm. Se coloca la tabla sobre un soporte vertical (un poste, un árbol, una valla) donde se desee, en la orientación adecuada, y se dejan los transplantes el tiempo que se considere adecuado para el estudio que se desee hacer.

Muchos de los estudios que se hacen con transplantes se basan en ver los daños sufridos por los líquenes después de tenerlos expuestos durante un cierto tiempo, que será distinto según sea el factor a medir y la especie de liquen utilizada. Para *Hypogymnia physodes* se dice que diez semanas es suficiente. Se pueden evaluar cambios de color, contenido en clorofila, proporción de talo muerto, velocidad de crecimiento, o cualquier otro parámetro; se pueden hacer escalas de valores indicativos del grado de contaminación relativa en función del daño que muestren los líquenes. El valor 0 será el valor en el momento de iniciar la exposición y el máximo, al terminarla. Dos escalas de contaminación del 0 al 8, basadas en medir el % de talo muerto al cabo de un tiempo de exposición, son las que figuran en la Tabla 3.11.

Valor	**% Talo Muerto**	
0	0-6%	3%
1	6,5-18,5%	12,5%
2	19-31%	25%
3	31-43,5%	37,5%
4	44-56%	50%
5	56,5-68,5%	62,5%
6	69,9-81%	75%
7	81,5-93,5%	87,5%
8	94,0-100%	96,9%

Tabla 3.11: *Dos escalas de contaminación en función del porcentaje de talo muerto* (Tomado de Kovács, 1992).

Algunos parámetros requieren tener los transplantes durante bastante tiempo, por ejemplo si se quiere medir el cambio en la velocidad de crecimiento, pues ya se sabe que los líquenes crecen muy poco. (Cf. Tabla 3.1).

Mediante la utilización de transplantes se han descubierto cosas curiosas. Valga el trabajo de Gailey *et al.* (1985) como ejemplo:

En una ciudad de Escocia (en la que había mucha incidencia de cáncer de pulmón, más de lo normal) se hicieron transplantes con *Hypogymnia physodes* y se detectaron las zonas donde se daban las mayores deposiciones de los contaminantes que emitía una fundición de acero que había en las proximidades. Una zona se situaba en los alrededores de la fundición, lo cual era normal, pero había otra zona de alta deposición, separada de la anterior, más alejada de la fundición y que, desde luego, no era esperada. Se hicieron experimentos con túneles de viento y se vio que, efectivamente, la topografía del área hacía que los vientos dominantes arrastraran los contaminantes a esa segunda zona. Lo más importante fue ver que en esta segunda zona coincidía también un núcleo secundario de acumulación de casos de cáncer de pulmón, que hasta entonces había sido un enigma, no se sabía por qué estaban concentrados allí. A partir de este trabajo se sospecha con fundamento que la contaminación de la fundición está relacionada con los casos de cáncer de pulmón.

Recientemente, se han empezado a utilizar líquenes para monitorizar contaminación del agua, pues los líquenes son también capaces de absorber metales pesados (por ejemplo) del agua del río. Se hacen transplantes metiendo los líquenes en bolsitas de nylon (como redes), metidos en cilindros de PVC con agujeros que se colocan en el lecho del río.

LÍQUENES E ÍNDICES BIÓTICOS

Primeros índices cualitativos

Puesto que los líquenes son bioindicadores de contaminación atmosférica, porque son sensibles en distinto grado a ella o porque son capaces de acumular contaminantes, se han utilizado como base para el cálculo de diferentes índices bióticos, para indicar tanto la pureza como la contaminación ambiental.

Aunque no sea un método basado en índice biótico, cabe empezar comentando que los primeros trabajos que se hicieron para delimitar zonas de isocontaminación en ciudades, estaban basados en la distribución geográfica de las especies de líquenes y su representación en mapas. Así se veía que, comparadas con el medio rural, las ciudades tenían temperatura más alta, humedad relativa más baja y mayor concentración de contaminantes, por lo que la existencia de líquenes estaba muy limitada. Se han hecho mapas de líquenes en muchas ciudades (un ejemplo, Budapest, citado en el apartado de líquenes y SO_2, Fig. 3.3) y se ha visto que en casi todas se pueden distinguir tres zonas con diferentes niveles de contaminación:

— **Zona de desierto liquénico**: áreas con concentración alta de SO_2 y/o otros contaminantes, donde no hay líquenes.

— **Zona de lucha** (struggling zone): áreas donde los líquenes sensibles han desaparecido o han sufrido daños severos y permanecen los líquenes resistentes. A menudo, esta zona se subdivide según en que proporción de árboles estén las especies estudiadas en la zona. Por ejemplo, en el caso de Budapest, la zona de lucha se dividía en tres: interna, media y externa, según las especies liquénicas estuvieran en el 10%, 25% o 50% de los árboles respectivamente.

— **Zona normal**: no hay contaminación en exceso y el desarrollo de los líquenes es normal, similar al de áreas no urbanas vecinas.

Este método es en realidad un método cualitativo, igual que lo es el método basado en la lista de especies indicadoras de Hawksworth & Rose (1970).

Índices cuantitativos

Los verdaderos índices bióticos son cuantitativos. Hay muchos, y se basan en que cuanto más puro es el aire más especies de líquenes hay, mayor vitalidad tienen y más cobertura alcanzan.

A) Índice revisado de continuidad ecológica = RIEC

Un índice muy sencillo es el creado por Rose (1976) para indicar viejos bosques estables, o lo que es lo mismo, bosques no alterados, en los que se ha dado continuidad y estabilidad ecológica por mucho tiempo, de tal forma que los líquenes han podido desarrollarse sin ningún impedimento externo. Le llama «índice revisado de continuidad ecológica» (Revised Index of Ecological Continuity = RIEC) y se basa en un conjunto de 30 especies indicadoras, fieles a viejos bosques muy estables. Se calcula mediante la fórmula:

$$\text{RIEC} = \frac{n}{20} \times 100$$

en la que «n» es el número de especies presentes en el lugar analizado de entre las 30 bioindicadoras. Para Rose, si $n \geq 20$, el índice ya es máximo, e igual a 100 (aunque matemáticamente se obtenga una cifra mayor). Las 30 especies bioindicadoras las señaló después de estudiar 102 bosques ingleses de pasado conocido, que fuera estable. Además, dedujo que la densidad liquénica en viejos bosques estables era de 120-150 taxones por Km, mientras que los bosques de creación reciente o poco estables tienen menos de 40 especies por Km.

Como el RIEC está definido en base a especies del sur de Inglaterra, no es aplicable en otros países o zonas donde no vivan esas 30 especies. Por ejemplo, en la cornisa cantábrica oriental (Etayo, 1989) habría que eliminar algunas, bien porque son rarísimas o inexistentes, bien porque estén presentes con más amplitud de hábitats y no sólo en viejos bosques. Sin embargo, se podrían añadir otras especies que en esta zona parecen buenas indicadoras. En total la lista de 30 especies indicadoras para el Cantábrico, válida para analizar la continuidad ecológica de los bosques atlánticos (Etayo, 1989), sería la siguiente (Se indica con * las especies que se añaden para el Cantábrico):

Catinaria atropurpurea
**Cladonia parasitica*
**Chaenotheca brunneola*
Entherographa crassa
Haematomma elatinum
Lobaria amplissima
Lobaria pulmonaria
Lobaria scrobiculata
Lobaria virens
**Megalospora tuberculosa*
**Menegazzia terebrata*
Nephroma laevigatum
Pachyphyale cornea
Pannaria conoplea
**Pannaria rubiginosa*
**Pannaria sampaiana*
Parmelia crinita
**Parmelia reticulata*
**Parmeliella testacea*
Parmeliella triptophylla
Peltigera collina
Peltigera horizontalis
**Phyllopsora rosei*
Porina leptalea
Rinodina isidioides
Sticta limbata
Sticta sylvatica
Thelopsis rubella
Thelotrema lepadinum
**Zamenhofia coralloides*

Hay varios bosques en Navarra, bien estudiados, que según el RIEC original tendrían valores altos, pero más altos si se utiliza esta lista adaptada (Tabla 3.12).

Bosque	**RIEC**	**RIEC adaptado**
Ibardin	70	100
Bertiz	85	100

Tabla 3.12: *Valores de RIEC y RIEC adaptado para dos bosques de Navarra bien conservados* (Basado en Etayo, 1989).

El que un bosque tenga RIEC alto nos permite deducir inmediatamente que está poco o nada alterado, por lo que podría ser conveniente tomar medidas para su protección o para su conservación.

De la misma forma que se puede modificar la lista original de 30 especies de Rose, se podrían hacer otras listas para otros tipos de bosque, como los bosques mediterráneos o los pirenaicos, que son distintos a los bosques atlánticos y tienen una flora liquénica propia y peculiar.

B) Índices de pureza ambiental

Otros índices bióticos muy utilizados son los índices de pureza ambiental, de los cuales hay varios diferentes. Todos conducen al mismo final: después de calcular los índices de numerosos puntos, se trazan líneas de isocontaminación uniendo puntos que tengan valores de índices muy parecidos, de forma que quedan delimitadas zonas con distintos niveles de contaminación. En principio, esos niveles de contaminación se podrían relacionar con niveles de SO_2 en aire, pero hay que tener alguna precaución, sobre todo si en la zona de estudio se han hecho cambios recientes, como instalar chimeneas, filtros, o se ha limitado el uso de ciertos carbones o cualquier otra actuación tendente a disminuir la emisión de SO_2, pues ya se sabe que, aunque la flora liquénica se recupera cuando disminuyen los niveles de contaminación, la recuperación tarda algunos años en comenzar a expresarse.

- **El IPA (Índice de pureza atmosférica)**

El IPA (Índice de Pureza Atmosférica) fue desarrollado por primera vez por De Sloover en Canadá en los años 60 y más tarde fue empleado para cartografiar la calidad del aire de Montreal por Leblanc & De Sloover (1970). Después de ello se ha usado en innumerables ocasiones, tanto para ciudades como para áreas no urbanas, en muchos lugares del mundo y también en España.

Para hallar el IPA se examina un número dado de árboles en los lugares que interese, por ejemplo a lo largo de un gradiente de polución, o esparcidos por toda una ciudad, o alrededor de una fábrica, etc.

Se identifican todas las especies que tiene cada árbol y a cada una de ellas se le asigna unos valores de «Q» y «F». «Q» se llama cortejo medio específico y se calcula haciendo la media del número de especies que acompañan a la que estamos considerando en las estaciones en que tal especie ha aparecido. «F» se llama valor de frecuencia-cobertura y la forma de calcularlo ha variado con el tiempo. En su origen, F podía tener valores del 1 al 5, según la siguiente norma:

1: especie muy rara y con muy bajo grado de cobertura;

2: especie muy infrecuente o con bajo grado de cobertura;

3: especie infrecuente o con grado medio de cobertura en algunos árboles;

4: especie frecuente o que tiene alto grado de cobertura en algunos árboles;

5: especie muy frecuente y que tiene alto grado de cobertura en la mayoría de los árboles.

Con los valores de Q y F para cada especie de cada estación se puede calcular ya el IPA, según la fórmula:

$$IPA = \frac{1}{10} \sum^{N} Q_i \times F_i$$

siendo N el número de especies en un punto de muestreo o estación. El sumatorio de todos los Q × F de la estación se divide por 10 para que los números sean más manejables.

Para poder calcular Q se tiene que tener toda la identificación de las especies terminada, pues es necesario saber qué especies hay en cada punto de muestreo. Por ejemplo, en un estudio que comprenda 6 estaciones, la especie «A», que en la estación 1 tiene 5 acompañantes, en la 3 tiene 4 acompañantes y en la 6 tiene 6 acompañantes (no se encontró en las estaciones 2, 4 y 5) tendría un valor de $Q = (5 + 4 + 6)/3 = 5$.

Como el valor de F resultaba muy subjetivo, se han ido haciendo algunas modificaciones en su cálculo a lo largo del tiempo, con el fin de tratar de objetivarlo o, al menos, hacerlo depender menos del criterio del investigador. Unas modificaciones fueron introducidas por Crespo *et al.* (1981) para unos estudios en La Coruña, y consisten finalmente en calcular F, que ahora se llama frecuencia, según la fórmula:

$$F = \frac{Rm + P}{2}$$

siendo Rm = Recubrimiento medio y P = Presencia media.

El recubrimiento medio «Rm» se calcula dividiendo el recubrimiento total «Rt» entre el número de árboles muestreados en cada estación. El Rt es la suma de los recubrimientos de la especie que estamos considerando en cada árbol. A este recubrimiento se le da un valor subjetivo de 1 a 5 según los siguientes criterios, que difieren un poco de los valores, también de 1 a 5, que se daban para F = valor de frecuencia-cobertura.

1: la especie recubre del 0 al 10% de la superficie del árbol;

2: la especie recubre del 11 al 20% de la superficie del árbol;

3: la especie recubre del 21 al 35% de la superficie del árbol;

4: la especie recubre del 36 al 50% de la superficie del árbol;

5: la especie recubre más del 50% de la superficie del árbol.

«P», o sea, la presencia media, se calcula dividiendo el número de árboles en que se ha localizado la especie en la estación considerada por el número total de árboles muestreados en la misma estación. Su valor máximo, por tanto, será 1. Por ejemplo, siguiendo con la especie «A», de la que antes habíamos calculado el valor de Q, supongamos que en la estación 1, en la cual vive «A», se han muestreado 6 árboles y «A» estaba en 4 de ellos, con unos recubrimientos de 2, 3, 1 y 3 respectivamente. Con estos datos podemos calcular el recubrimiento medio Rm y la presencia media P mediante unas sencillas operaciones:

$$Rt = 2 + 3 + 1 + 3 = 9; \quad Rm = \frac{9}{6} = \mathbf{1{,}5}; \quad P = \frac{4}{6} = \mathbf{0{,}66}$$

Y de ahí la frecuencia F:

$$F = \frac{1,5 + 0,66}{2} = \mathbf{1,08}$$

Luego la especie «A» en la estación 1 tendría un valor de Q x F = 5 x 1,08 = 5,4. Como en esta estación, según nuestro punto de partida, la especie «A» estaba acompañada por otras 5, habría que calcular los valores de Q x F de las otras especies «B», «C», «D», «E» y «F» que acompañan a «A». Después se sumarían los seis valores Q x F y se dividiría por 10. El resultado sería el IPA de la estación 1.

Así pues, el IPA aumenta al aumentar Q y F o, lo que es lo mismo, al aumentar el número de especies que hay en los árboles (diversidad), la superficie que cubren y el número de árboles colonizados (factores que se refieren a la vitalidad). Como todos esos valores son mayores cuanto más puro sea el ambiente, los valores de IPA altos querrán decir que el lugar está menos contaminado.

Leblanc *et al.* (1975) midieron las concentraciones de SO_2 en partes por millón y calcularon IPAs en la ciudad de Sudbury (Canadá) y encontraron la relación que aparece en la Tabla 3.13.

IPA	**[SO_2] en ppm**
0 -9	> 0,03
10 - 24	0,02 - 0,03
25 - 39	0,01 - 0,02
40 - 54	0,005 - 0,01
> 55	> 0,005

Tabla 3.13: *Relación entre valores de IPA y concentraciones de SO_2 en el área de Sudbury, Canadá* (Según Leblanc *et al.*, 1975).

El problema de los IPA es que no son comparables entre zonas alejadas, pues pueden variar mucho; por ejemplo, no es lo mismo calcular IPAs en lugares donde la flora liquénica sea muy rica que donde sea pobre, pues los lugares con pocas especies en su flora liquénica, aun no siendo contaminados, darán comparativamente IPAs menores. Por ello, son valores siempre relativos, útiles para comparar entre sí puntos de zonas próximas. En consecuencia, lo mismo cabe decir de la equivalencia IPA - [SO_2] dada en la Tabla 3.13, que sólo será válida para el área de Sudbury.

En los trabajos que se han realizado utilizando el IPA (Crespo *et al.*, 1981, Etayo *et al.*, 1989 y otros) se aportan datos interesantes acerca de su uso. Por ejemplo:

— Al tomar los valores de recubrimiento (de 1 a 5) de cada especie hay que tener cuidado; como se da de forma subjetiva, se recomienda que lo haga siempre la misma persona.

— Las condiciones de muestreo deben ser lo más homogéneas posibles, para que el único factor que cambie sea la polución. Otros factores que podrían hacer variar las poblaciones liquénicas son: especie de árbol muestreado, edad y grosor del mismo, área de muestreo, pH de la corteza, topografía del lugar, etc. Que todos estos factores sean constantes en una ciudad es muy difícil, pues lo que suele haber en las ciudades son árboles ornamentales que casi nunca son de la misma edad y/o grosor. El grosor que se estima necesario, cualquiera que sea la especie de forófito, es como mínimo 25 cm de diámetro. En cuanto al pH de la corteza, aunque puede variar bastante de unas especies de árboles a otras (por ejemplo, *Tilia* sp. de 4,8 a 6,2, *Populus nigra* de 5 a 7,3, *Aesculus hippocastanum* de 6 a 6,1), se considera que no hay variación apreciable, dentro de unos límites, por causa de la especie (salvo que sean coníferas, que sí que tienen la corteza más ácida), pues se ha visto que la variación en pH se debe más a la edad del árbol y al polvo que recibe de su entorno que a que sean diferentes especies. En cuanto a la topografía, especialmente en nuestras latitudes, hay que tener en cuenta sobre todo la orientación y la altitud, pues influyen mucho en la cantidad de líquenes que pueda haber presentes. Las solanas, por ser más secas, tienen menos especies de líquenes, por lo que si se comparan IPAs de solanas y umbrías contiguas, las solanas resultarían con valores menores de IPA, o sea como si estuvieran más contaminadas, sin estarlo. En cuanto al área de muestreo, no hay uniformidad de criterios, pues unos autores delimitan cuadrados para inventariar en cualquier orientación, otros lo hacen eligiéndolos en la parte del árbol que esté más cubierta de líquenes, otros en todo el contorno del árbol. También varía la altura a la que se hace el muestreo: algunos autores como Etayo *et al.* (1989), en Pamplona, toman muestras desde 0,5 a 2 m de altura, desechando los líquenes de la base de los troncos, pues pueden estar sometidos a otras influencias distintas a la contaminación atmosférica, como por ejemplo humos de los tubos de escape de los coches, basuras tiradas en los alcorques, aportes nitrogenados por perros, etc. Otros, sin embargo (Crespo *et al.*, 1981), deben muestrear entre 0 y 0,5 m de altura, pues por encima de medio metro los árboles ya no tienen líquenes.

En Pamplona (Etayo *et al.*, 1989) se hizo el muestreo sobre olmos, tilos, chopos, álamos, castaños de Indias y almeces, desechando las coníferas por su corteza ácida y los plátanos de sombra por su corteza caediza. De forma general, los autores indican que para evitar errores por elegir diferentes especies de árboles en una misma estación, lo que se debe hacer es comprobar previamente que las especies de líquenes no sean muy diferentes entre una especie de árbol y otra ahí donde viven los forófitos juntos. Si son muy distintas las floras liquénicas es probable que las diferencias se deban a la variación de especie de forófito, lo cual podría acarrear errores en el cálculo y en la interpretación de los valores de los IPAs.

Otros valores interesantes que se suelen calcular para las estaciones de muestreo cuando se calculan IPAs son:

— D = riqueza florística, que es la relación entre el número de especies de una estación dada y el de la más rica; se da en % y sólo la estación más rica tendrá D = 100 (naturalmente, si hay 2 o más que sean las más ricas, con el mismo número de especies, todas ellas tendrán D = 100).

— RMG = recubrimiento medio global, que es la suma de los recubrimientos medios de las especies de la estación.

A la hora de interpretar los resultados de los cálculos del IPA, hay que tener en cuenta que en las ciudades, además de la contaminación atmosférica, hay otros factores que influyen para que las poblaciones liquénicas sean diferentes a las de zonas rurales circundantes. Por ejemplo, se da un aumento de la temperatura porque los edificios y el cemento tienden a facilitar la retención del calor; además muchas veces las zonas con árboles son ajardinadas, por lo que los árboles están separados entre sí y por tanto más iluminados; por otra parte, en muchas ciudades abundan animales, como perros y palomas, que pueden provocar con sus excrementos un aumento en el contenido en sustancias nitrogenadas en el ambiente en general y en los troncos de los árboles en particular. Por esto, a veces en las ciudades predominan comunidades de líquenes nitrófilos y no acidófilos, como correspondería por la acidez de las cortezas y del SO_2. En concreto, en Pamplona, abunda *Xanthoria parietina* que es nitrófilo y no hay *Hypogymnia physodes* ni *Pseudoevernia furfuracea* que son acidófilas. Aunque hasta cierto punto el acúmulo de sustancias nitrogenadas evita la desaparición de algunas especies porque contrarresta algo la acción del SO_2, hay que tener en cuenta que, si hay SO_2, éste ejerce de todas formas su influencia y aunque algunos nitrófilos proliferen otros nitrófilos pero sensibles al SO_2 como *Caloplaca cerina* o *Physconia perisidiosa* desaparecen.

- **El IP (Índice de polutotolerancia)**

Otro índice biótico basado en los líquenes es el IP o índice de polutotolerancia, desarrollado por Trass (1973) en la URSS. Se calcula mediante la fórmula:

$$IP = \Sigma \frac{A_i \times c_i}{C_i}$$

A_i es el coeficiente de polutotolerancia de una especie, que varía entre 1 y 10 y que está determinado de forma empírica por observaciones realizadas anteriormente en función de la tolerancia a la contaminación.

c_i es el grado de cobertura de cada especie, que se define por una escala de 1 a 10 muy precisa:

1: cobertura de 1 a 3%	6: cobertura de 30 a 40%
2: cobertura de 3 a 5%	7: cobertura de 40 a 50%
3: cobertura de 5 a 10%	8: cobertura de 50 a 65%
4: cobertura de 10 a 20%	9: cobertura de 65 a 80%
5: cobertura de 20 a 30%	10: cobertura de 80 a 100%

Para calcular c_i se suele hacer la media de las observaciones realizadas en varios árboles, a razón de 4 inventarios por árbol.

C_i es el grado de cobertura total, y se halla sumando el grado de cobertura de todas las especies en la estación considerada.

IP varía siempre entre 1 y 10 (toma valor 0 si no hay líquenes) y permite, igual que el IPA, realizar mapas separando zonas con distintos niveles de contaminación. Según Trass lo adecuado es separar 8 zonas según intervalos de valores del IP, a cada una de las cuales le corresponde un valor medio anual de concentración de SO_2.

Ejemplos de utilización de índices bióticos

Hay muchos trabajos en los que se han cartografiado distintas ciudades o zonas que interesaran empleando sobre todo el índice cualitativo de Hawksworth & Rose o el IPA y algo menos (al menos en los países occidentales) el IP. Algunos trabajos comparan la sensibilidad de los tres índices, tras aplicarlos a una misma zona.

Así por ejemplo, Deruelle (1978) utiliza los tres índices en la región de Mantes (Francia) y compara los resultados. Previamente establece en 10 el número de árboles que conviene muestrear, porque en ellos ya estaría el 87,5% del total de especies que componen la vegetación liquénica de la zona, lo cual se considera adecuado. Un resumen de sus resultados es el siguiente:

— En cada uno de los tres casos, los mapas hechos por zonas de vegetación liquénica o por índices bióticos, reflejan con exactitud el descenso de contaminación desde la o las fuentes emisoras hacia zonas alejadas, pero la sensibilidad de los tres métodos es distinta.

— El método cualitativo de Hawksworth & Rose permite la identificación de 5 zonas de polución, correspondientes a 40, 50, 60, 70 y más de 70 µgr de SO_2/ m^3 de aire como media de invierno. Son respectivamente las clases 7, 6, 5, 4 y 3 a 0 de la escala.

— El índice de pureza ambiental IPA permite distinguir 4 zonas, que corresponden a 40, 50-60, 70 y 100 gr SO_2/m^3 de media de invierno, valores obtenidos en los lugares adecuados mediante medidas físicas. Este método es, por tanto, algo menos sensible, pues no separa las clases que según Hawksworth & Rose eran 5 y 6, que coinciden en la zona III según el IPA. Además, la zona I es más reducida que la que según Hawksworth & Rose era 3-0, ya que no la incluye toda, sino sólo la parte que tiene $[SO_2] > 100$ μgr/m³ de aire.

— El método del IP es el menos sensible, pues sólo permite definir 3 zonas de polución (a, b, y c), que se corresponden con valores de 30-80, 80-100 y >300 μgr SO_2 /m³ de aire de media anual según los datos de Trass (1973). Los valores de la contaminación, además de estar menos separados, son más altos que los que suelen citarse en la mayoría de los trabajos occidentales. En todo caso, este método permite separar la zona a como la más contaminada, con valores de IP cercanos a 0 o a 10, que equivaldría a las zonas I según el IPA o 0-1 según Hawksworth & Rose, pero luego las zonas b y c no discriminan apenas, la b sería como la 4 de Hawksworth & Rose y II según el IPA, y la c el resto.

En otro trabajo, Deruelle *et al.* (1983) estudian la región de París mediante la aplicación del IPA y la escala de Hawksworth & Rose. Los mapas que obtienen como resultado son muy parecidos, con independencia del método aplicado.

Otros autores, como Van Haluwyn *et al.* (1988), critican los métodos de Hawksworth & Rose e IPA y plantean la posibilidad de utilización de otros métodos, que se basarían en las comunidades liquénicas (método fitosociológico) en lugar de sólo en especies. Hoy por hoy, no ha sido un método muy utilizado.

Por lo que se refiere a España, se han hecho cartografías empleando el IPA en bastantes lugares, además de Pamplona (Etayo *et al.*, 1989; Fig. 3.9); por ejemplo, de la provincia de La Coruña (Crespo *et al.*, 1981), de la Casa de Campo en Madrid (Crespo *et al.*, 1982), de la zona de Ponferrada en la provincia de León (Terrón *et al.*, 1985), de la zona de Ferrol en la provincia de La Coruña (Carballal *et al.*, 1991), de la costa de Tarragona (Giralt *et al.*, 1989; Fig. 3.10), de la zona de La Robla en la provincia de León (Terrón *et al.*, 1994), etc.

Fig. 3.9: *Plano de Pamplona en el que se aprecian las zonas de contaminación que fueron establecidas mediante el cálculo del IPA en las estaciones de muestreo 1 a 27; hay cuatro zonas de contaminación, siendo la más céntrica la más contaminada. Obsérvese cómo se refleja la influencia de los vientos dominantes del NW en las áreas, que parecen alargarse precisamente en dirección NW-SE* (Basado en Etayo *et al.*, 1989).

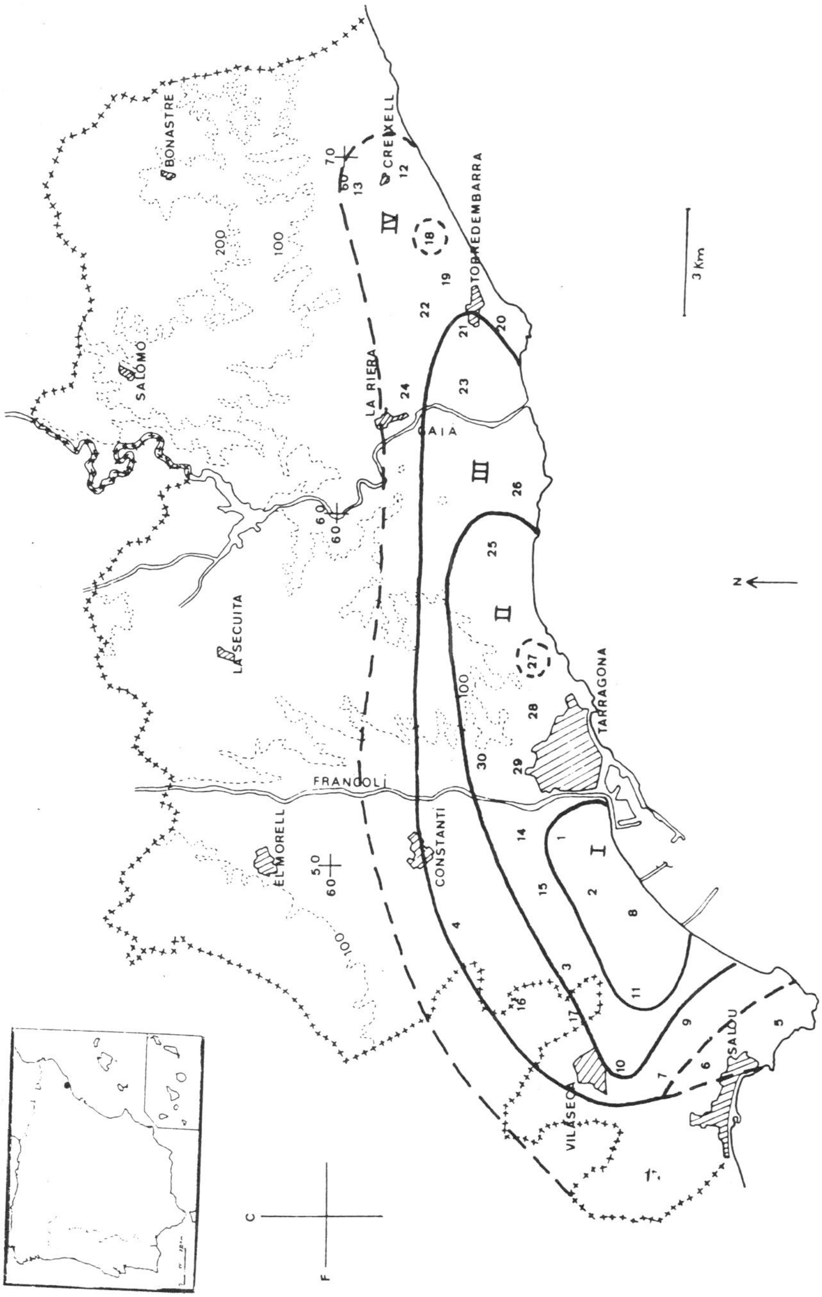

Fig. 3.10: *Mapa del área de Tarragona, con las zonas de isocontaminación resultantes del cálculo del IPA en las estaciones 1 a 30. Obsérvese cómo, en este caso, la zona más contaminada no corresponde al centro urbano, sino a las afueras, donde se encuentran numerosas industrias* (Según Giralt *et al.*, 1989).

TEMA 4. ESPECIES VASCULARES BIOINDICADORAS

INTRODUCCIÓN

Las plantas vasculares, como cualquier vegetal, pueden ser bioindicadoras de contaminación o, más en general, de las condiciones del medio en que viven, pues es claro que para su supervivencia necesitan que los distintos parámetros ambientales tengan valores dentro de su rango de tolerancia. Cuando se consideran gradientes ambientales naturales las curvas que indican el vigor de las especies suelen tener forma de campana. Sin embargo, si se consideran gradientes de contaminación, las curvas suelen ser distintas, con un punto en que la concentración del contaminante ya refleja que la planta sufre estrés y disminuye su vigor (ver Fig. 4.1). O sea, hay un umbral de concentración, por debajo del cual el vigor o vitalidad no se resiente, y por encima del cual empiezan a aparecer síntomas de toxicidad.

Respuestas de las plantas vasculares a los contaminantes

Las plantas vasculares, en general, pueden responder ante los contaminantes de tres formas diferentes, que se representan en la Fig. 4.2.

A) Excluyentes: tienen mecanismos de control que mantienen los contaminantes a baja concentración en el vegetal, independientemente de la concentración en el suelo, hasta que la concentración en el suelo es tan alta que se altera el mecanismo de control y entonces sube bruscamente la concentración en la planta, que normalmente muere enseguida. Esas plantas, si el umbral de concentración del suelo para romper el control es bajo, serían sensibles al contaminante; y si el umbral es alto, serían resistentes.

B) Biomonitoras en sentido estricto: la concentración del contaminante en la planta está relacionada de forma lineal con la concentración en el suelo.

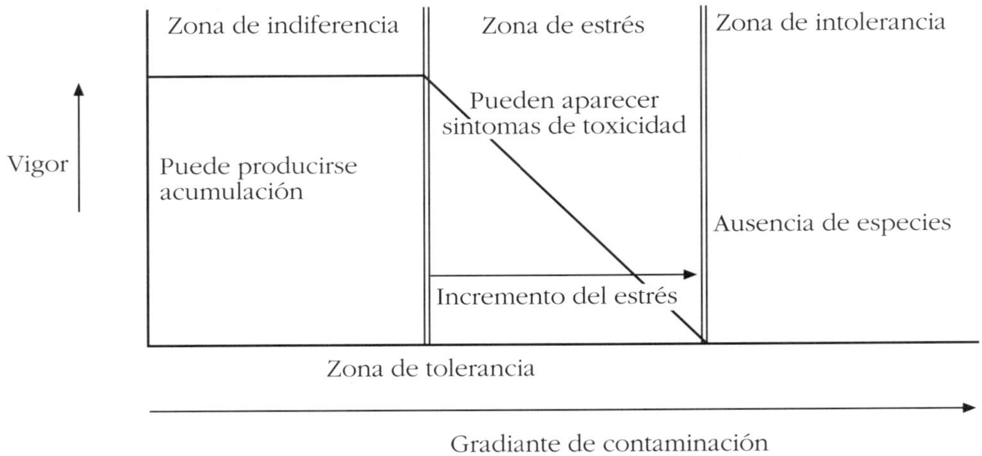

Fig. 4.1: *Vigor de una planta cualquiera en función de un gradiente de contaminación. Cuando las concentraciones son menores que un cierto umbral, la planta mantiene su vigor constante* (zona de indiferencia)*; cuando la concentración alcanza ese umbral la planta comienza a sufrir estrés y su vigor declina* (zona de estrés)*; por encima de un umbral de concentración la planta muere* (zona de intolerancia) (Basado en Santamaría, 1993).

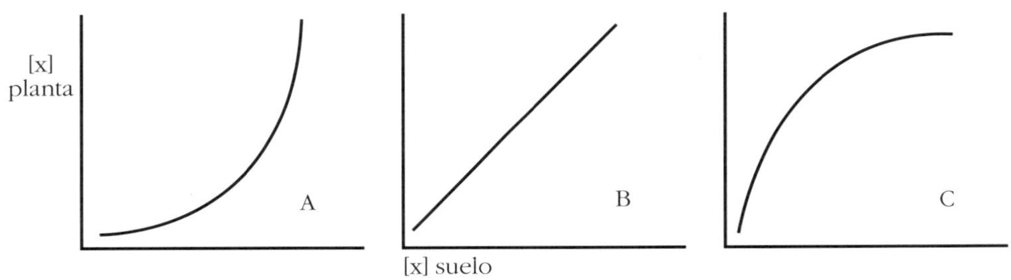

Fig. 4.2: *Tres tipos distintos de respuestas de las plantas vasculares frente a los contaminantes. A, excluyentes; B, biomonitoras; C, acumuladoras* (Basado en Santamaría, 1993).

C) Acumuladoras: la concentración en la planta es siempre elevada, aunque la concentración en el suelo sea baja, porque son capaces de absorber y acumular el contaminante.

La ventaja de las plantas vasculares es que las hay por todas partes; incluso en zonas muy contaminadas podemos encontrar las que sean resistentes, naturalmente, hasta que se superan sus umbrales de resistencia.

En la tabla siguiente (Tabla 4.1, tomada de Bünau *et al.*, 1979 en Kovács, 1992) se puede ver qué especies de árboles (planifolios y coníferas) se han utilizado como bioindicadores y para que tipo de contaminantes:

Especie	**SO_2**	**FH**	**ClH**	**Foto-oxidentes**	**Metales pesados**
Abies alba	S, A	S	—	—	A
Acer platanoides	—	—	—	—	A
Aesculus hippocastanum	—	—	S	—	A
Alnus glutinosa	—	A	—	—	—
Berberis vulgaris	—	S	—	—	—
Betula pendula	—	—	S	—	—
Carpinus betulus	—	A	S	—	A
Celtis australis	—	—	—	—	A
Fagus sylvatica	—	—	A	—	A
Ligustrum vulgare	—	A	—	—	—
Picea abies	S, A	S, A	A	S	A
Pinus halepensis	—	—	—	—	A
Pinus nigra	—	—	—	—	A
Pinus sylvestris	S	S	—	—	—
Populus nigra ssp. *italica*	—	—	—	—	A
Prunus armeriaca	—	—	S	—	—
Prunus domestica	—	—	S	—	—
Prunus spinosa	—	—	S	—	—
Quercus robur	—	—	—	—	A
Robinia pseudoacacia	—	—	—	—	A
Salix fragilis	—	A	—	—	—
Sambucus nigra	—	S	—	—	A
Sophora japonica	—	S	—	—	A
Syringa vulgaris	—	—	S	—	—
Taxus baccata	—	—	—	—	A
Thuja occidentalis	—	—	—	—	A
Tilia cordata	—	S	S	—	A
Tilia tomentosa	—	S	S	—	S

Tabla 4.1: *Árboles bioindicadores; A, indicador por acumulación y S, indicador por ser sensible* (Basado en Bünau *et al.*, 1979, modificado por Kovács, 1992).

Los primeros síntomas que muestran las plantas vasculares como consecuencia de la contaminación suelen ser generalmente necrosis en las hojas. En las Fig. 4.3 y 4.4 se aprecian distintos grados de necrosis en las hojas de vid, abedul y pino como consecuencia de su exposición a F, SO_2 y metales pesados respectivamente.

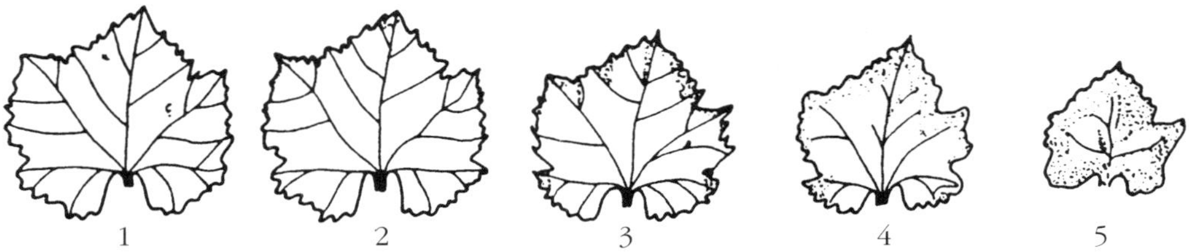

Fig. 4.3: *Necrosis de las hojas de la vid debida a contaminación por compuestos de flúor. Escala de 5 grados de daño* (Tomado de Kovács, 1992).

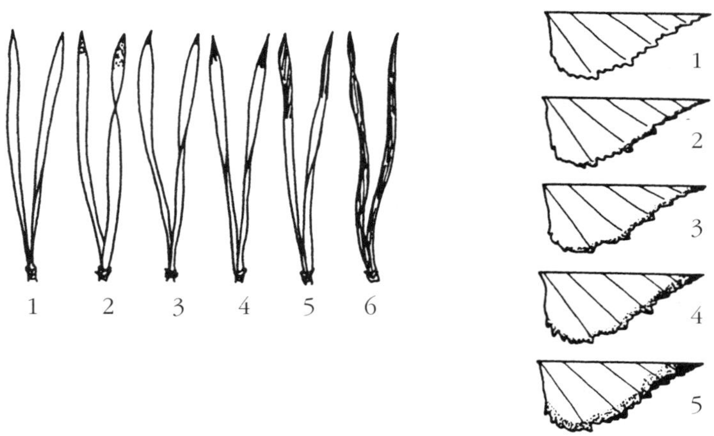

Fig. 4.4: *Izquierda: necrosis de las agujas de* Pinus sylvestris *debida a contaminación por metales pesados; escala de 6 grados de daño. Derecha: necrosis de las hojas del abedul,* Betula pendula, *debida a contaminación por SO_2; escala de 5 grados de daño* (Tomados de Jäger, 1980).

PLANTAS VASCULARES Y METALES PESADOS

Aspectos generales

A continuación nos referiremos a los vegetales vasculares desde el punto de vista de su relación con los metales pesados. Esto no quiere decir, naturalmente, que sean los únicos contaminantes que les causen daños, pero sí que son de los más estudiados, por lo que nos pueden servir en cierto modo de referencia.

Como consecuencia del incremento en las actividades industriales el contenido en metales pesados en aire, agua y suelo, han aumentado mucho en los últimos años.

Muchos vegetales absorben y acumulan distintos elementos, y de algunos se dispone de datos acerca de la evolución en la concentración de varios elementos, a lo largo del tiempo, en algunas especies, como por ejemplo, en *Fagus sylvatica* (Tabla 4.2).

Elemento	1971/73	1977		1984/85	
	ppm	ppm	%	ppm	%
Cl	1500	24100	1607	18850	1258
Al	62	74	121	70	114
Ca	12268	15661	128	10867	89
Cd	0,07	0,58	830	0,09	128
Co	0,20	0,31	150	0,16	80
Cr	1,51	1,80	120	1,12	74
Cu	7,31	7,84	107	7,02	96
Fe	121	135	112	150	124
K	7022	6294	89	6295	90
Na	25	45	180	25	100
Ni	2,25	2,88	128	1,71	96
P	974	961	99	912	94
Pb	7,5	19,5	260	4,7	63
S*	853	1013	118	829	85
Sb	0,33	2,2	670	0,34	103
Sn	0,35	2,3	660	0,40	114
V	0,52	0,98	189	0,56	108
Zn	27	46	171	27	100
Zn	27	46	171	27	100
*SO_4 - S					

Tabla 4.2: *Concentraciones medias de elementos en hojas de* Fagus sylvatica *en varios años. Los valores de 1971/73 se toman como 100 para referir a ellos los porcentajes de 1977 y 1984/85* (Según Keller, 1986, en Kovács, 1992).

Puede observarse cómo prácticamente todos los elementos estudiados han aumentado su concentración en 1977 respecto a los valores que tenían en 1971/73, con la excepción del K y del P; en 1984/85 algunos han disminuido, quizá por la implantación de medidas protectoras.

La acumulación de metales pesados en árboles de ambientes urbanos es mucho más acusada que en ambientes rurales. Datos acerca de estas diferencias se ven en la Tabla 4.3.

Especies	**Ambiente urbano**		**Ambiente rural**
	media	**máximo**	**media**
Ailanthus glandulosa	1027	2112	190
Aesculus hippocastanum	874	1483	300
Tilia tomentosa	806	2458	240
Sophora japonica	754	2076	233
Celtis occidentalis	565	1239	214
Robinia pseudacacia	596	1194	262
Acer platanoides	451	1101	289
Platanus acerifolia	399	660	193

Tabla 4.3: *Contenido en metales pesados en las hojas de 8 especies de árboles, medido en* $\mu g.g^{-1}$, *en ambiente urbano y rural* (Tomado de Kovács, 1992).

Cuando un área está muy mineralizada el aspecto de la vegetación suele cambiar: desaparecen los árboles y el resto de las especies aparecen dispersas y peor desarrolladas que las de áreas colindantes no mineralizadas. En estos casos, los cambios en el espectro biológico, utilizando porcentajes de tipos biológicos de Raunkier, pueden ser muy indicativos.

Los vegetales también muestran otros síntomas, además de clorosis o necrosis en las hojas, que hemos visto en las Fig. 4.3 y 4.4, como son: gigantismo o enanismo, cambios de color en las flores, anomalías en los frutos, trastornos en los ritmos de crecimiento y floración.

También hay especies herbáceas útiles para ser bioindicadoras de contaminación por metales pesados son las del género *Lolium*: *L. perenne* y *L. multifidum*, ambas muy frecuentes y comunes en cunetas y bordes de carreteras y caminos: son activos acumuladores de varios metales pesados.

Con muchas especies vasculares ocurre como con los líquenes, que la concentración disminuye al aumentar la distancia del foco emisor. Por ejemplo, en la tabla 4.4 se ve cómo los valores de la concentración de Pb en *Lolium perenne* disminuyen al aumentar su distancia a una fábrica de pilas.

Aplicaciones de las plantas vasculares

Las plantas vasculares, debido a su capacidad para reaccionar de alguna manera frente a los metales, tienen utilidad en la prospección de yacimientos mi-

Órganos de la planta	**Distancia desde la fábrica de pilas**			
	50 m	100 m	150 m	1000 m
Espigas	106	90	29	0
Hojas	1034	345	103	14
Tallos	68	23	9	0
Raíces	1809	485	860	38

Tabla 4.4: *Disminución progresiva en el contenido en metales pesados de distintas partes de plantas de* Lolium perenne *al aumentar la distancia al foco emisor* (Tomado de Kovács, 1992).

nerales, pues pueden mostrar síntomas o acumular sustancias. En todo caso, ciertas especies pueden mostrar evidencias de que en el suelo hay alto contenido en metales.

Las plantas indicadoras de metales pesados se suelen dividir en:

— **Universales**, aplicándose este término a plantas que siempre viven en todo el mundo, en sustratos que tengan concentraciones elevadas del metal correspondiente.

— **Locales**, aplicándose este término a plantas que en algunos lugares exigen concentraciones altas de metal; pero en otros lugares de la Tierra pueden vivir en suelos con concentraciones de metal normal.

La prospección de yacimientos minerales utilizando plantas vasculares bioindicadoras puede hacerse tanto con especies de amplia distribución que sean capaces de acumular metales (especies universales, indicadoras en este caso por acumulación) como con especies, o grupos de especies-comunidades, que estén restringidas a lugares enriquecidos en el metal en prospección (especies locales, indicadoras por su sola presencia, o por síntomas que manifiesten). En el primer caso, como hay que realizar análisis químicos a las plantas para conocer su nivel de acumulación, se habla de prospección biogeoquímica, mientras que en el segundo, como basta la observación de especies o comunidades indicadoras, se habla de prospección geobotánica. La prospección geobotánica ha sido usada desde antiguo: los mineros escandinavos utilizaban *Lychnis alpina* para buscar depósitos de cobre en la Edad Media.

La capacidad de las plantas vasculares para absorber y acumular metales pesados puede ser también útil y, de hecho, se utiliza, para depurar diversos ambientes, por ejemplo suelos contaminados o aguas polucionadas. Se hacen crecer en estos medios las especies más adecuadas, que serán aquellas con mayor capacidad de acumulación del o de los metales que interese eliminar, y al cabo del tiempo se retiran. Es un proceso lento pero seguro.

Para poder saber que plantas utilizar lo mejor es hacer análisis previos de las plantas que puedan ser susceptibles de crecer en donde interese y ver cuáles acumulan mejor y qué metales acumulan. En este sentido el trabajo de González *et al.* (1994) es ilustrativo:

Analizan el contenido en Cd, Co, Cu, Mn y Zn en cuatro especies de macrófitos acuáticos del río Esla: *Typha*, *Scirpus*, *Iris* y *Phragmites*. Los resultados, visibles en la Tabla 4.5 y en la Fig. 4.5, indican que algunas partes de algunas especies tienen gran acumulación de metales pesados, como por ejemplo: el Cd y el Co se acumulan sobre todo en los tallos y en las espigas de *Scirpus*, el Cu en las flores de *Typha*, el Mn se acumula mucho en las hojas de *Typha* y también, aunque en menor cantidad, en sus tallos y en sus flores; y el Zn en las espigas de *Scirpus*. Por tanto, parece que *Typha* y *Scirpus* son los mejores bioacumuladores de metales pesados en el Esla: probablemente podrían ser utilizados como depuradores de metales pesados de las aguas de los ríos de la zona.

Especie	**Parte de la planta**	**Cd**	**Co**	**Cu**	**Mn**	**Zn**
Iris	hojas	1,19	0,29	0,54	2,93	0,83
Phragmites	hojas	0,13	0,16	0,29	2,93	0,98
	flores	0,75	0,16	0,42	2,93	1,15
	tallos	0,31	0,16	0,29	1,98	0,10
Scirpus	tallos	1,63	0,42	0,42	2,93	1,57
	espigas	1,63	0,29	0,67	2,93	1,92
Typha	hojas	1,19	0,29	0,42	14,33	0,11
	flores	0,75	0,29	0,67	4,83	1,52
	tallos	1,19	0,16	0,42	6,73	0,51

Tabla 4.5: *Concentración en µg/g de peso seco de 5 metales pesados en distintas partes de 4 plantas vasculares del río Esla* (Basado en González *et al.*, 1994).

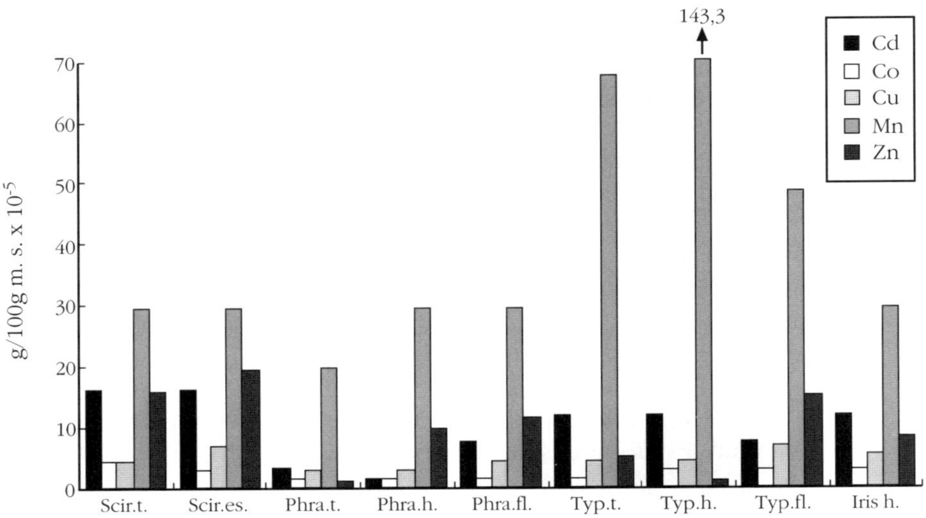

Fig. 4.5: *Representación gráfica de las concentraciones en metales pesados que tienen las cuatro especies que figuran en la Tabla 4.5. Scir* = Scirpus, *Phra* = Phragmites, *Typ* = Typha, *t = tallo, es = espiga, h = hoja y fl = flores* (Basado en González *et al.*, 1994).

ESTUDIO DE CORTEZAS

También se puede emplear la corteza de los árboles para detectar la contaminación por metales pesados. En la tabla 4.6 se resumen algunos valores encontrados en varias especies en distintos lugares de características diferentes.

Lugar y condiciones	Especies	Plomo	Cobre	Zinc	Cadmio
Aberystwyth, Gales: condiciones rurales pero cerca de una mina de cobre abandonada	Fresno	177	12	177	0,3
	Roble	212	14	48	0,4
	Alerce	37	15	25	0,1
Prescot, Lancashire: área urbana con una refinería de cobre próxima	Roble	392	586	38	1,1
	Roble	312	721	72	1,8
	Roble	362	591	45	1,1
Avonmoth, cerca de Bristol: próximo a una gran central metalúrgica de Pb-Zn	Olmo	3400	—	2250	163
	Olmo	1720	—	12600	93
Suecia: lugar sin contaminar	Fresno	9	16	60	0,08
	Haya	6	21	110	0,25
Suecia: lugar contaminado, próximo a una central metalúrgica de Cu-Zn-Pb	Pino	178	117	150	4,4
Glasgow, parques de la ciudad	Varias especies caducifolias	240-680	25	80	—
Bartlesville, Oklahoma: a 450 m de una central metalúrgica	*Populus deltoides*	34	—	762	70

Tabla 4.6: *Concentraciones de algunos metales pesados, en µg/g de peso seco, halladas en la corteza de varias especies de árboles* (Basado en Santamaría, 1993).

Cuando se emplean las cortezas de los árboles para la interpretación de la contaminación hay que tener en cuenta que:

— Las características de la corteza varían con la edad del árbol.

— Excepto en las de corteza caediza, como *Platanus* o algunas coníferas, la corteza refleja la acumulación de metales pesados durante un tiempo muy largo, incluso toda la vida del árbol.

— Los metales pesados de la corteza proceden tanto del suelo por absorción y transporte como del aire por deposición atmosférica.

— En zonas poco contaminadas, la corteza suele estar recubierta por líquenes y briófitos, que pueden enmascarar las condiciones reales o llevar a error de interpretación.

— Cuando se quiere utilizar la corteza para comparar distintas zonas, hay que tomar muestras equivalentes en espesor y exposición para que sean comparables.

Las normas estándar que se suelen adoptar como idóneas para hacer un buen muestreo son las siguientes:

— Cortezas de árboles caducifolios, que estén sanos, sobre todo que no estén atacados por insectos.

— El diámetro debe ser entre 40 y 50 cm ∅.

— Las épocas más adecuadas para la toma de muestras se consideran el principio de la primavera o el final del otoño.

— El espesor de corteza suele ser 2-3 mm. Puesto que el contenido en contaminantes disminuye hacia la zona profunda de la corteza (ver Tabla 4.7), es necesario que la corteza se tome siempre a la misma profundidad.

— La altura idónea se considera entre 1 y 1,5 m.

— La orientación debe ser la misma para todas las muestras.

— Es necesario limpiar la corteza de todo tipo de líquenes y briófitos.

Especie de árbol	**Localidad**	**Contenido en S (μg.cm^{-3}) a distintas profundidades**		
		0-3 mm	**3-6 mm**	**6-9 mm**
Acer platanoides	Grüneburg park	199	130	71
	Kronberg	72	35	7
Fraxinus excelsior	Grüneburg park	180	100	40
	Kronberg	51	32	5
Tilia platyphyllos	Grüneburg park	234	115	52
	Kronberg	58	43	18

Tabla 4.7: *Contenido en azufre de las cortezas, a tres profundidades distintas, de tres especies de árboles, muestreados en dos localidades diferentes de los alrededores de Frankfurt (Alemania); ambas localidades tienen distinto grado de contaminación por* SO_2 (Tomado de Kovács, 1992).

OTROS USOS DE LAS PLANTAS VASCULARES

Los árboles también se han utilizado para hacer «biomonitorización hacia el pasado», mediante el estudio de los anillos de crecimiento del tronco. Se extraen cilindros con taladros especiales y se puede, o bien medir el contenido en contaminantes de cada anillo de crecimiento correspondiente a años pasados o bien analizar su grosor, pues éste es indicativo de las condiciones ambientales sufridas por el árbol. No son técnicas sencillas, pues es difícil extraer los cilindros y, a menudo, el grosor de los anillos no permite obtener la cantidad adecuada de material para someterlo a análisis.

También las plantas vasculares han sido estudiadas para elaborar con ellas listas de plantas indicadoras de ambientes estables, en concreto bosques, de forma similar a como lo hizo Rose (1976) con los líquenes para elaborar el índice RIEC. La lista siguiente (Spellerberg, 1993) muestra precisamente algunas de las especies que en Inglaterra se consideran indicadoras de viejos bosques.

Adoxa moschatellina
Allium ursinum
Anemone nemorosa
Blechnum spicant
Carex laevigata
Carex strigosa
Convallaria majalis
Daphne laureola
Dryopteris carthusiana
Dryopteris pseudomonas
Epipactis purpurea
Euphorbia amygdaloides
Galium odoratum
Helleborus viridis
Hordelymus europaeus
Hypericum androsaemum
Lathraea squamaria
Luzula forsteri
Luzula sylvatica
Melampyrum pratense
Milium effusum
Oxalis acetosella
Paris quadrifolia
Platanthera chlorantha
Polygonatum multiflorum
Polystichum setiferum
Populus tremula
Quercus petraea
Ranunculus auricomus
Sanicula europaea
Sorbus torminalis
Thelypteris oreopteris
Ulmus glabra
Vaccinium myrtillus
Viola reichenbachiana
Veronica montana

TEMA 5. COMUNIDADES VEGETALES. SUCESIÓN PROGRESIVA Y REGRESIVA. CAUSAS DE DETERIORO

INTRODUCCIÓN

Ya comentamos en capítulos anteriores que la cubierta vegetal de la Tierra no está formada por individuos distribuidos al azar por un espacio, sino por especies de plantas que viven en comunidad, estableciéndose entre ellas relaciones de competencia que crean un equilibrio entre ellas y que favorecen un mejor aprovechamiento de los recursos del medio y de los factores ambientales que inciden en ellas. En cada lugar de la tierra, en función de la influencia de todos los factores ambientales (geográficos, climáticos, ecológicos, históricos, geológicos, sociales) que allí inciden, la vegetación se expresará de una forma diferente, más o menos compleja, según haya más o menos factores que afecten de forma positiva o negativa a los vegetales. Así, en ambientes propicios, con temperatura y humedad adecuadas, con luz y nutrientes suficientes, sin problemas de presiones antropozoógenas, las comunidades vegetales son casi siempre bosques, que pueden ser muy complejos, en el sentido de que tienen elevada biodiversidad y una fuerte estructura. En otros ambientes, por ejemplo en alta montaña, donde la temperatura puede ser durante muchos meses al año un factor limitante, o en zonas desérticas, donde lo es la humedad, o en zonas sometidas a fuerte influencia del hombre, el tapiz vegetal estará formado por comunidades mucho menos estructuradas y con menor diversidad, generalmente en forma de matorrales, prados, o pastos más o menos densos.

Las comunidades que representan el máximo de desarrollo vegetacional, el máximo de madurez posible en cada lugar de la tierra en ausencia de la intervención humana se denominan comunidades clímax o comunidades climácicas. Pero debido a la influencia de muchos factores, entre otros el hombre, las comunidades vegetales no siempre pueden alcanzar su máximo grado de madurez, sino que se quedan como etapas en el camino evolutivo de la vegetación, constituyendo lo que se llaman etapas seriales.

Cuando una comunidad clímax se ve afectada por factores negativos normalmente sufre cambios que conducen a su sustitución por otras comunidades, que ya no son clímax, sino degradadas, y se llaman etapas de sustitución. Cuanto más tiempo actúen estos factores negativos, o más intensa sea su incidencia, mayor será la degradación de la vegetación: en ese lugar se habrá dado una sucesión regresiva. Sin embargo, si en un lugar cuya vegetación está degradada por la influencia de ciertos factores, éstos dejaran de actuar, sería posible que la vegetación, por sí sola y con el tiempo necesario, pudiera recuperarse e ir alcanzando grados mayores de madurez hasta llegar, en los mejores casos, a la comunidad clímax: en este caso, se estaría dando una sucesión progresiva.

A veces es posible prever la evolución de la vegetación hacia una regresión o bien hacia una progresión, si se conocen los factores ambientales que inciden en ella; es posible también descubrir qué factores son los que están afectando a la vegetación y, también, qué puede ocurrirle si cambian las condiciones del medio; se puede llegar a saber qué hacer con un espacio para recuperar la vegetación y cómo hacerlo para favorecer la regeneración de las plantas. En suma, se puede llegar a mejorar los ecosistemas, pues no hay que olvidar que un buen desarrollo vegetacional es la base del funcionamiento óptimo de los mismos ecosistemas.

CAUSAS DE DETERIORO DE LAS COMUNIDADES VEGETALES

Además de los efectos de la contaminación, que ya hemos comentado en capítulos anteriores, existen una serie de factores capaces de alterar profundamente las comunidades vegetales. Por lo general, todos los interesados en estos temas están de acuerdo en señalar como causas de deterioro las siguientes:

a) la excesiva presión antropozoógena: tala-deforestación, prácticas agrícolas desafortunadas, sobrepastoreo, obras civiles con movimientos de tierras, etc.

b) los incendios, tanto si afectan a comunidades de bosque como a comunidades de matorral, prado o cultivos.

c) la erosión del suelo: pérdida del suelo útil para los vegetales y desertización. Este último agente está desde luego favorecido por los dos anteriores.

En la actualidad, y desde hace unos pocos años, existe en España una red de vigilancia de la contaminación atmosférica, mediante el seguimiento de 460 puntos que se muestrean y en los que se evalúan los daños en los árboles por defoliación y decoloración. Los resultados que se han obtenido hasta ahora se pueden ver en las Tablas 5.1 y 5.2.

El efecto negativo sobre la vegetación en muchos aspectos de la actividad humana es evidente: desaparición de bosques por talas abusivas, grandes obras (embalses, autopistas) que eliminan la vegetación de extensiones considerables, etc. Sin embargo hay otros factores de riesgo que, o bien son a veces inevitables (incendios accidentales), o bien sus efectos no se detectan con facilidad por ser de actuación lenta (excesiva presión humana, prácticas agrícolas agresivas para el suelo, erosión). Vamos a comentar a continuación algunos de estos factores que ponen en peligro la cubierta vegetal o la destruyen.

	1987	1988	1989	1990	1991	1992	1993
Número de puntos de observación	316	387	455	447	437	462	460
Nº coníferas evaluadas	3030	4784	5289	5289	5270	5520	5510
Nº frondosas evaluadas	2695	4434	5003	5439	5284	5588	5530
Nº total árboles evaluados	5725	9218	10292	10728	10554	11108	11040
Defoliación en coníferas (%)							
0-10% copa defoliada	68,28	70,80	78,65	78,92	67,78	55,54	49,95
11-25% copa defoliada	20,95	21,93	17,83	17,92	24,95	30,94	35,35
> 25% copa defoliada	10,77	7,27	3,52	3,16	7,27	13,52	14,70
Defoliación en frondosas (%)							
0-10% copa defoliada	58,00	66,18	77,35	79,39	60,81	45,74	39,70
11-25% copa defoliada	28,30	26,97	19,43	16,22	31,81	43,10	48,93
> 25% copa defoliada	13,70	6,85	3,22	4,39	7,38	11,16	11,37
Defoliación en coníferas y frondosas (%)							
0-10% copa defoliada	62,96	68,57	77,98	79,16	64,29	50,61	44,8
11-25% copa defoliada	24,44	24,35	18,65	17,06	28,39	37,05	42,16
>25% copa defoliada	12,60	7,08	3,37	3,78	7,32	12,34	13,03

Tabla 5.1: *Evolución de los daños atribuibles a contaminación según los datos de la red de vigilancia de España* (Tomados de M.O.P.T.M.A., 1994).

	1987	1988	1989	1990	1991	1992	1993
CE	14,75	12,86	9,90	15,10	18,40	19,10	—
España	12,60	7,08	3,37	3,78	7,32	12,34	13,03

Tabla 5.2: *Comparación entre la situación en España y en la CE. Los datos se dan en porcentajes de árboles dañados, considerando que son árboles dañados aquellos que superen el 25% de defoliación* (Tomado de M.O.P.T.M.A., 1994).

Los incendios

En España suponen el primer factor de amenaza para la conservación de la cubierta vegetal. Los incendios tienen una cualidad muy negativa, y es que, evidentemente y por desgracia, no respetan las zonas protegidas, se extienden por cualquier lugar mientras no se apaguen.

El riesgo de incendio aumenta por efecto de las heladas y de la sequía. En verano, si no hay humedad, los fuegos pueden propagarse con facilidad. La lluvia disminuye el riesgo de incendios, y se puede ver de año en año cómo los episodios de fuego tienden a ser más numerosos en época de sequía y a disminuir cuando el tiempo ha sido lluvioso.

Según el informe «Medio Ambiente en España 1993» (M.O.P.T.M.A., 1994), durante el año 1993 disminuyó el número de incendios y la superficie afectada por ellos. El número de conatos (fuegos de menos de 1 Ha de extensión) aumentó respecto a años anteriores, mientras que el de incendios (fuegos de más de 1 Ha de extensión) disminuyó. Así mismo, hubo menos grandes incendios (de más de 1000 Ha) que en 1992: 10 frente a 13.

En las Tablas 5.3, 5.4 y 5.5 se pueden apreciar algunos datos relativos a los fuegos en España en los últimos años.

Año	**Tipo de causa**				
	Rayo	**Negligencia**	**Basureros y otros**	**Intencionado**	**Sin determinar**
1980	3	17	2	37	41
1981	3	13	2	40	42
1982	4	15	2	36	43
1983	5	23	2	30	40
1984	3	14	0	39	44
1985	4	15	1	40	40
1986	3	16	3	30	48
1987	4	12	2	38	44
1988	2	14	1	40	43
1989	3	11	1	45	40
1990	6	5	2	48	39
1991	9	9	2	48	32
1992	5	15	1	53	26
1993	6	21	2	44	27

Tabla 5.3: *Evolución de las causas de los incendios, en porcentaje, en el periodo 1980-1993* (Tomado de M.O.P.T.M.A., 1994).

Además de los incendios forestales y de los conatos, se puede también incluir como «fuegos» los que se producen como consecuencia de la quema de rastrojeras, o los que se hacen para limpieza de cunetas y taludes. Estos fuegos, aunque de efectos restringidos por no afectar a mucha superficie, pueden, sin embargo, ser dañinos, porque impiden que el suelo recupere una parte de la materia orgánica que los cultivos extrajeron de él, favorecen la erosión y banalizan la vegetación de los bordes de cultivos, porque acaban con las especies leñosas y favorecen el desarrollo de especies herbáceas nitrófilas y ruderales, alterando el paisaje, destruyendo hábitats y disminuyendo la biodiversidad.

Año	**Nº incendios**	**Nº conatos**	**% conatos**
1989	20384	4191	26,56
1990	12247	4222	33,84
1991	13011	5740	44,12
1992	15895	8603	54,12
1993	14711	10508	71,43

Tabla 5.4: *Evolución del número de incendios y de conatos en el periodo 1989-1993* (Tomado de M.O.P.T.M.A., 1994).

Año	**Nº incendios**	**Superficie afectada en Hectáreas**			**Pérdidas en millones de pesetas**		
		arbolada	**desarbolada**	**total**	**productos primarios**	**beneficios ambientales**	**total**
1980	7.193	92.503	173.451	265.954	6.774	18.992	25.766
1981	10.882	141.667	156.769	298.436	9.557	29.570	39.127
1982	6.443	63.879	87.765	151.644	4.871	25.945	30.816
1983	4.880	57.832	59.767	117.599	4.197	21.640	25.837
1984	7.649	53.805	110.893	164.698	5.797	26.552	32.349
1985	12.284	178.106	308.221	486.328	18.752	52.142	70.894
1986	7.574	120.989	156.524	277.513	17.379	42.107	53.551
1987	8.679	48.893	96.900	145.793	6.007	31.704	37.711
1988	9.595	36.265	93.724	129.989	6.026	31.918	37.944
1989	20.384	173.765	236.416	410.181	30.753	58.699	89.452
1990	12.474	73.305	103.738	204.043	13.692	52.267	65.959
1991	13.011	109.880	134.826	224.706	19.865	62.767	82.632
1992	15.895	39.961	64.631	104.592	8.916	21.873	30.789
1993	14.711	32.650	60.458	93.108	7.285	19.471	26.756

Tabla 5.5: *Número de incendios, superficies afectadas y pérdidas económicas ocasionadas en el periodo 1980-1993* (Tomado de M.O.P.T.M.A., 1994).

En conjunto, el fuego tiene los siguientes efectos sobre el suelo y la vegetación:

- — Volatilización de nutrientes y depósito de cenizas.
- — Aumento de la erosión eólica e hídrica, que a su vez causan abarrancamiento, pérdida de suelo y lavado de iones.
- — Empobrecimiento del suelo que queda por parte de las nuevas plantas recolonizadoras, que extraen nutrientes.
- — Destrucción en mayor o menor grado de la vegetación.
- — Degradación temporal de las comunidades regeneradas: cambia tanto su composición como la abundancia de muchas especies. Este efecto es, al menos en la zona mediterránea, sólo temporal, porque prácticamente todas las especies propias de la vegetación mediterránea son capaces de recuperarse, debido a que tienen rizomas, bulbos, cepas, semillas resistentes o incluso estimuladas por el fuego, etc.

Diversas actividades «culturales» humanas

Algunas actividades de la sociedad actual constituyen factores de riesgo para la vegetación y, de hecho, han causado la desaparición de especies en distintos lugares.

Entre estas actividades puede citarse el turismo, que invade todos los lugares y especialmente los más ricos desde el punto de vista naturalístico-paisajístico; especial preocupación debería crear el «turismo verde», que hace proliferar los vehículos «todo terreno» por todos los rincones, con el deterioro consiguiente por paso y pisoteo.

También se puede destacar como causa de peligro para muchas especies el afán recolector que hoy en día despiertan muchos vegetales: desde aquellos que son recolectados masivamente para comercio, consumo, industria, compraventa de semillas para viveristas de plantas autóctonas, programas de restauración paisajística, mejora de cultivos, en suma, tráfico genético, hasta los que son buscados por su valor botánico por coleccionistas o intercambiadores de material de herbario.

Prácticas agrícolas y ganaderas agresivas

En los últimos decenios las prácticas agrícolas y ganaderas han cambiado mucho gracias a la incorporación de nuevas tecnologías. Se obtienen rendimientos excelentes, pero la tierra corre graves peligros, porque los agricultores han tenido que cambiar sus costumbres y no siempre han acertado al aplicar las nuevas técnicas. El resultado de muchas prácticas incorrectas es la degeneración de los suelos, la desaparición de masas vegetales, la necesidad de abandonar cultivos dejando los suelos totalmente esquilmados, etc. Algunas de las prácticas agrícolas y ganaderas y los impactos negativos que pueden causar (Díaz Álvarez, 1988) son los siguientes:

A) Transformaciones en regadío. El riego aumenta la producción, pero:

- los canales para el riego causan graves impactos en el suelo, el paisaje y la vegetación que atraviesan;
- se altera el ciclo hidrológico: si el agua superficial no es buena y se utilizan las aguas subterráneas, su uso abusivo puede hacer que se agoten o se salinicen si están próximas a la costa; disminuye el nivel freático, lo cual afecta a toda la vegetación circundante, pues se desecan las zonas de los alrededores, que pueden ser bien amplias;
- si hay que construir embalses para poder disponer de agua, éstos también pueden producir impactos negativos;
- las aguas superficiales pueden quedar contaminadas por arrastre de productos fitosanitarios, que son mucho más utilizados en regadío que en secano, pues el ambiente húmedo favorece el desarrollo de plagas y enfermedades;
- las aguas pueden, también, quedar contaminadas por arrastre de abonos, que pueden causar eutrofización;
- desaparecen totalmente los ecosistemas naturales, por tanto desaparecen muchos individuos de muchas especies;
- si se usan cantidades de agua inadecuadas se puede provocar aumento de erosión o salinización de los suelos, haciéndolos inútiles para el cultivo y muy difíciles de recuperar.

B) Agricultura intensiva. Está teniendo gran desarrollo en los últimos años. Por ejemplo, en Almería, en los últimos 10 años, aumentó en un 50% su superficie y el rendimiento se ha multiplicado por 12. Los impactos que provoca la agricultura intensiva son parecidos a los de los regadíos, pero con algunas características añadidas:

- como hay que poner capas de suelo, estiércol y arena y cambiarlas cada dos años, se producen alteraciones ambientales en las zonas de extracción y acumulación de materiales usados;
- la eliminación de los plásticos por quema puede producir humos tóxicos.

C) Cultivos en pendiente. Son cultivos preferentemente arbóreos, sobre todo de frutales. Se suelen hacer en terrazas, para evitar la erosión en pendientes fuertes o en climas con lluvias torrenciales; pero si no se hacen bien, o si no se cuidan, las terrazas se deterioran y pueden ocasionar graves desastres como corrimientos de tierras, derrumbamientos, fortísima erosión. Hay que vigilar especialmente la existencia de roturas en los bordes de las terrazas o en los sistemas de drenaje. Si se abandonan los cultivos hay que revegetar con especies de crecimiento rápido para evitar la erosión.

D) Explotaciones ganaderas. Producen acúmulos de estiércol que hay que eliminar, almacenar o reutilizar. Producen malos olores y el arrastre de desechos contamina por materia orgánica las aguas superficiales. Si hay exceso de carga ganadera (sobrepastoreo) se puede agotar el suelo, empobrecer, o incluso llegar a eliminar la vegetación y aumentar la erosión.

E) Roturaciones. Consisten en eliminar la vegetación de una zona para implantar cultivos. Esta era una práctica normal hasta hace poco tiempo y, realmente, era la principal amenaza para la vegetación. Hoy en día ya no se suelen roturar extensiones amplias, aunque todavía se realizan estas prácticas en choperas-sotos de ríos y en dehesas. Los principales problemas que provocan las roturaciones son:

— al eliminar la vegetación aumenta mucho el riesgo de erosión, especialmente en el periodo de tiempo entre la eliminación de la vegetación y el desarrollo del cultivo;

— el perfil del suelo cambia por el laboreo y, si el suelo no es muy profundo, puede llegar a perderse por completo, quedando al final eriales y rocas al descubierto.

Talas y deforestación

Naturalmente, es necesario extraer madera y para ello hay que talar árboles, pero el problema es que muchas veces se han hecho talas abusivas que han provocado la deforestación de amplias zonas. En la Tabla 5.6 se pueden apreciar datos acerca de la cantidad de árboles talados en 5 años en España. Es obvio que la tala destruye la vegetación y además, aumentan los riesgos de erosión del suelo y de desertificación.

RESUMEN

En resumen, podemos decir que cuando la vegetación se altera en sentido negativo casi todos los demás factores del medio son igualmente alterados negativamente, sobre todo el suelo, porque la evolución de éste es paralela a la de la vegetación y viceversa, y se necesitan para su mantenimiento mutuo. Puede decirse también que la mayoría de las causas de destrucción de la vegetación acaban provocando un aumento de erosionabilidad del suelo, lo que se traduce en la progresiva desertificación de la superficie terrestre, pues deja de ser capaz de almacenar agua (se pierde casi toda por escorrentía superficial) y se arrastra el suelo. En la figura 5.1 se esquematizan estos fenómenos:

	1	2	3	4	5	6	7	8	9	10
Álava	5.304	—	13.123	—	1.377	—	9.662	66	269	35.759
Asturias	21.362	10	9.524	42.805	2.374	185.403	74	—	96.342	28.525
Burgos	5.172	161	12.807	6	10.455	—	54.528	407	31.181	379
Cantabria	14.824	857	14.268	786	1.397	249.326	56	—	648	31.092
La Coruña	9.008	—	—	1.615	—	60.304	1	—	364.630	45.724
Guipúzcoa	5.548	—	6.547	867	224	—	—	—	3.743	100.401
León	2.013	35	3.881	965	22.511	102	1.077	13	15.778	—
Lugo	17.050	—	—	1.798	—	26.552	19	—	151.774	23.716
Navarra	17.633	124	157.304	—	17.274	—	57.609	11.259	—	—
Orense	1.585	—	—	1.973	165	233	211	—	55.476	8
Palencia	1.881	—	1.350	—	5.450	1	205	5	86	—
Pontevedra	4.748	—	—	1.038	—	35.541	420	—	200.967	19.565
Vizcaya	1.601	—	1.638	208	—	1.446	326	262	830	256.657
Total	107.729	1.187	220.442	52.061	61.227	558.928	124.188	12.012	921.724	541.826
Total España	**108.434**	**8.556**	**253745**	**80.700**	**296.640**	**691.685**	**740.777**	**345.351**	**1.560.922**	**543.275**

Tabla 5.6: *Aprovechamientos maderables en los años 1966-1970, en m³ con corteza de las 10 especies siguientes: 1, Quercus robur y Q. petraea; 2, Quercus ilex* y *Q. rotundifolia; 3, Fagus sylvatica; 4, Castanea sativa; 5, Populus* spp.; *6, Eucalyptus globulus; 7, Pinus sylvestris; 8, Pinus nigra* ssp *laricio; 9, Pinus pinaster; 10, Pinus radiata* (Tomado de Vázquez, 1985, basado en el Primer Inventario Forestal Nacional del I.C.O.N.A.).

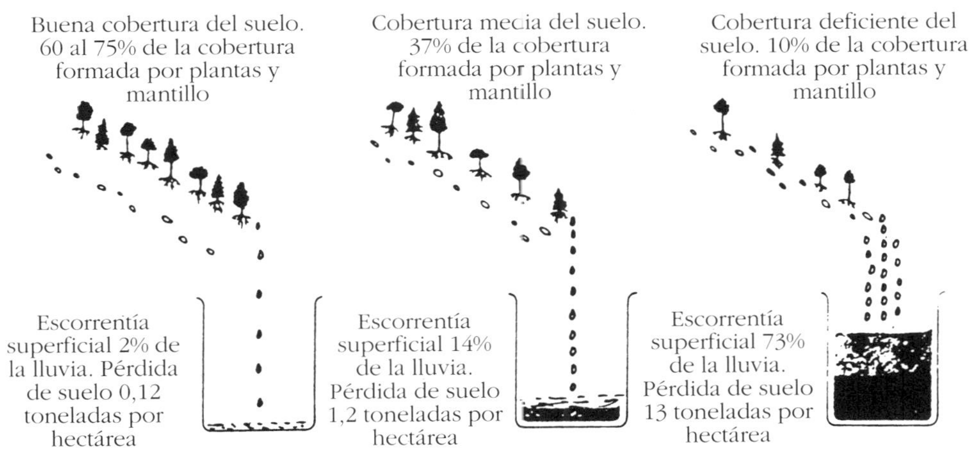

Fig. 5.1: *Efecto de la cobertura del suelo por la vegetación en la erosión* (Tomado de Stocker *et al.*, 1981).

TEMA 6. MÉTODOS DE ANÁLISIS Y VALORACIÓN DE LAS COMUNIDADES VEGETALES Y SU UTILIDAD

INTRODUCCIÓN

Como consecuencia de la presión cada vez mayor que sufre la Naturaleza, en los últimos años se ha desarrollado una gran preocupación por conseguir una gestión correcta del medio natural. Una de las herramientas útiles para la gestión ambiental, en sus aspectos de ordenación del territorio, protección de espacios naturales, criterios de uso del suelo, etc., es la evaluación o valoración del territorio en función de los seres vivos que habitan en el.

Los vegetales son la base de los ecosistemas, puesto que son los productores primarios, y sobre su actividad se apoya todo el entramado de las biocenosis de los ecosistemas. Por tanto, la calidad de un espacio desde el punto de vista botánico es, con seguridad, un reflejo de la calidad total de dicho espacio.

Por esto, cada vez más, se están desarrollando métodos para valorar la calidad botánica del medio, basados tanto en las plantas a nivel específico como a nivel de grupos vegetales (plantas vasculares, briófitos) o a nivel de comunidades vegetales (asociaciones, alianzas, órdenes, clases fitosociológicas, series de vegetación) o a nivel de flora de ecosistemas concretos (lagunas y humedales).

En este capítulo expondremos algunos de los métodos de valoración que se están empleando actualmente, comentando también la utilidad inmediata que se da a cada uno.

MÉTODOS BASADOS EN LA VALORACIÓN ESPECÍFICA: LOS VALORES ECOLÓGICOS DE LAS PLANTAS VASCULARES

Se trata de un método empezado a desarrollar por Ellenberg desde los años 50, y que ha ido perfeccionando en sucesivas revisiones de su obra hasta los años 90.

Consiste en valorar, para cada planta, 7 parámetros ecológicos, en función de sus necesidades respecto a cada uno de ellos. Así, cada especie viene caracterizada por 7 cifras. A estas cifras se les puede añadir otras, o bien otros símbolos, que signifiquen otras características de la especie, como tipo biológico de Raunkier, o área de distribución, o afinidades fitosociológicas, etc.

Los siete parámetros ecológicos que se emplean en la última edición (en ediciones anteriores no eran exactamente los mismos) son (Ellenberg, 1994):

— luz
— temperatura
— continentalidad
— humedad
— acidez
— nitrógeno y nutrientes
— sales e indicadores de la resistencia a elementos pesados

Se tienen valorados estos 7 parámetros para toda la flora vascular de Centroeuropa. Se podrían utilizar los valores en el resto del continente, pero con algunas precauciones, pues los valores de algunos parámetros pueden cambiar al cambiar la zona geográfica, porque los requisitos ecológicos de las plantas pueden cambiar al variar las condiciones climáticas, y muchas de éstas dependen de la situación geográfica.

La valoración de las plantas según estos 7 parámetros no tiene nada que ver con la situación de mayor o menor contaminación o alteración del medio, sino con su situación real, típica y característica en su ambiente natural. Es decir, el que una planta tenga una valoración alta en el parámetro «nitrógeno y nutrientes», sólo quiere decir que a esa planta le gustan ambientes con altos contenidos en nitrógeno y nutrientes, pero no quiere significar que el lugar donde la podemos encontrar está alterado, nitrificado o eutrofizado.

La aplicación principal de los valores ecológicos de las plantas vasculares es poder hallar promedios de los valores de las plantas que figuran en inventarios de comunidades vegetales, para utilizarlos como valores para caracterizarlas y para distinguir comunidades próximas. Por tanto son una ayuda para la clasificación de los hábitats. Ellenberg dice que son valores muy fiables, y muy sensibles y precisos, pues cambian al cambiar el tipo de comunidad, aun siendo comunidades relacionadas entre sí. Hay que tener en cuenta que los valores ecológicos se refieren al comportamiento de las especies en la realidad, lo cual quiere decir con competidores a su alrededor, en estado natural, o sea, que son valores distintos a los que serían óptimos para las especies. Por lo tanto, no se pueden aplicar a plantas aisladas, sin competidores, pues sus valores serían distintos. Y, además, no sirven los valores experimentales de laboratorio. Por otra parte, como se han tomado en comunidades bien adaptadas, los valores ecológicos reflejan situaciones de equilibrio.

Otras aplicaciones:

— Hacer «espectros ecológicos» de comunidades respecto a los factores o parámetros valorados, representando lo que interese, por ejemplo, como en las gráficas de la Fig. 6.1, plantas en peligro de extinción y plantas no en peligro de extinción respecto a las cifras de nitrógeno. La gráfica superior izquierda corresponde a plantas de comunidades propias de lugares húmedos; en estos lugares se han catalogado 117 especies vegetales en peligro de extinción y 119 especies sin peligro de extinción; de las 117 plantas en peligro de extinción, aproximadamente el 15% son plantas con cifra de N = 1, un 40% tienen cifra de N = 2, un 15% tienen cifra de N = 3, etc., hasta un 0% con cifra de N = 9. Así se han ido representando todos los grupos de plantas en las cuatro gráficas. Se ve con claridad que, en los cuatro ambientes representados (humedales, lugares alterados, bosques y matorrales y brezales y prados), son mucho más numerosas las plantas en peligro de extinción que tienen cifras bajas de N que las que tienen cifras altas. Esto quiere decir que, prácticamente en todos los ambientes, las plantas que mayor peligro corren son las que no pueden competir con éxito cuando hay mayor disponibilidad de nitrógeno.

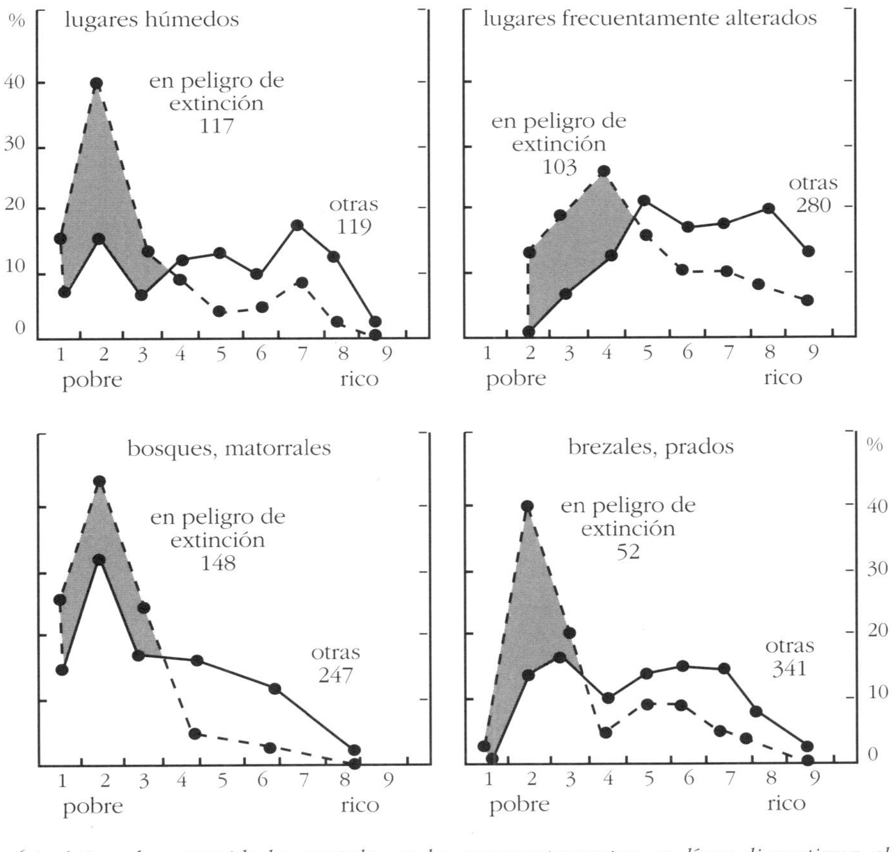

Fig. 6.1: *4 tipos de comunidades vegetales, en las que se representan, en línea discontinua, el porcentaje de especies en peligro de extinción y, en línea continua, el porcentaje de especies que no están en peligro de extinción que viven en ellas, en función de los valores de 1 a 9 de la cifra del «nitrógeno y nutrientes» que tengan. Explicación en el texto* (Tomado de Ellenberg, 1994).

— Detectar cambios en las comunidades a lo largo del tiempo, porque las alteraciones que se produzcan en el medio provocarán cambios en las plantas que habiten en él y, por consiguiente, cambios en el valor ecológico global de la comunidad. Puede ser, por tanto, un valor a tener en cuenta en la biomonitorización de las comunidades vegetales.

— Si se hacen estudios de las 7 cifras por separado, se puede tener el rango de variabilidad de cada una de ellas en una comunidad vegetal dada; estos valores pueden ser útiles para elegir plantas que podrían ser adecuadas para integrarse en la comunidad cuando ésta se vea alterada y necesite algún tipo de arreglo (revegetación, reforestación, estimulación de su desarrollo, etc.).

— Se pueden obtener «grupos ecológicos», tanto de especies como de comunidades, por similitud de los valores ecológicos y tales grupos ecológicos pueden utilizarse para cartografiar hábitats.

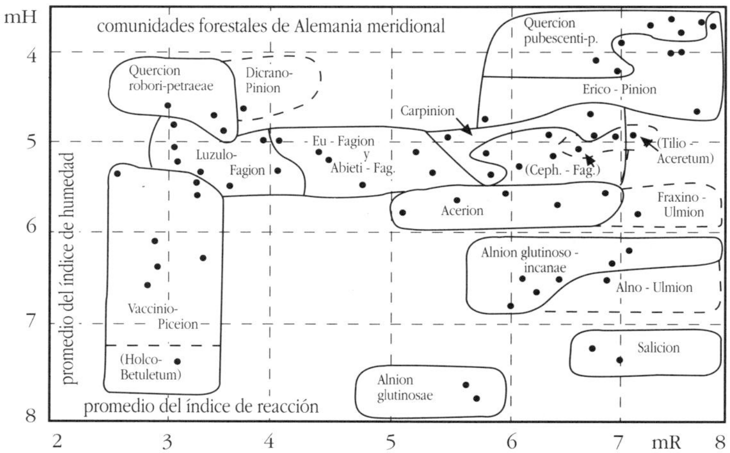

Fig. 6.2: *Ecograma de comunidades forestales de Alemania meridional, situadas en las coordenadas según sus promedios de cifra de humedad (mH) y acidez (mR). Los promedios fueron calculados por algunos investigadores con los valores publicados por Ellenberg en 1979* (Tomado de Ellenberg, 1994).

— Se pueden hacer «ecogramas», combinando 2 o 3 factores ecológicos, para situar comunidades en sus rangos de variabilidad y tener visualmente información acerca de sus posibles sustituciones. La Fig. 6.2 es un ejemplo de ecograma. Se puede apreciar la situación de muchas comunidades (puntos), cuya situación se ha fijado en función del promedio de los valores de humedad (mH) y acidez (mR) de sus plantas; las comunidades luego están rodeadas por líneas, indicando las alianzas a que pertenecen. Puede verse, por ejemplo, cómo las comunidades de la alianza *Vaccinio-Piceion* están compuestas por plantas cuyo número de humedad está comprendido entre aproximadamente 5,3 y 7,8, y su número de acidez entre aproximadamente 2,5 y 3,5. Es decir, las comunidades de *Vaccinio-Piceion* son acidófilas y relativamente higrófilas. Puede verse también, cómo podrían sustituirse unas comunidades por otras al cambiar las condiciones ambientales. Por ejemplo, si en una zona donde viva alguna comunidad de *Vaccinio-Piceion*, por alguna causa disminuye la humedad hasta, por ejemplo, permitir que se instalen plantas con número de humedad entre 4 y 5, seguramente la vegetación en ese lugar será sustituida con el tiempo por comunidades de *Quercion robori-petraeae*, que viven en suelos de pH similares, pero en condiciones de mayor sequedad.

VALORACIÓN DE ESPECIES EN FUNCIÓN DEL GRADO DE AMENAZA QUE SUFREN

Este tipo de valoración fue desarrollada por la Unión Internacional para la Conservación de la Naturaleza (U.I.C.N., 1978 y 1981), dando una serie de criterios respecto a los cuales se puede calificar una especie en relación a los riesgos que corre su supervivencia:

— **Extinta** -Ex- (Extinct): taxones que no se han vuelto a encontrar desde hace mucho tiempo, y que eran conocidos en la antigüedad.
— **En peligro** -E- (Endangered): taxones en peligro de extinción si no cesan de sufrir la acción de los factores que les están haciendo desaparecer.
— **Vulnerable** -V- (Vulnerable): taxones que en breve podrían pasar a ser de una de las dos categorías anteriores si no cesan los factores que les están afectando.
— **Rara** -R- (Rare): taxones de poblaciones pequeñas, reducidas o muy dispersos en áreas amplias. El riesgo que corren se debe a su escasa frecuencia, localización demasiado precisa o demasiado dispersa.
— **Indeterminada** -I- (Indeterminate): taxones que probablemente pertenezcan a alguno de los grupos anteriores pero no se puede afirmar por falta de datos.
— **No amenazada** -nt- (Safe o not threatened): taxones sin riesgo.
— **Insuficientemente conocida** - K- (Insufficiently known): taxones que no se pueden incluir en ninguna categoría por falta de datos.
— **Situación desconocida** -?- (Status unknown): taxones de los que no hay ninguna información.

Se utilizan estas valoraciones para elaborar catálogos de especies amenazadas. Tales catálogos se usan como base para el establecimiento de áreas o espacios protegidos a distintos niveles o con distintas intensidades de protección, para la conservación de la flora.

A estos catálogos se les suele llamar «listas rojas» y se han hecho, por ejemplo de briófitos (Schumacker, 1992; Sérgio *et al*., 1994) para muchos países de Europa. También las hay de flora vascular.

Aunque hay catálogos hechos con floras de regiones amplias (p. e. Europa) siempre conviene analizar las especies de la flora localmente, pues muchas veces la calificación de una especie se hace en función de su grado de endemismo o amplitud general de distribución, y este criterio puede no ser válido localmente. Por ejemplo, a nivel de grandes superficies, como puede ser Europa occidental, una especie que fuera endémica del Pirineo, sería una especie calificable como rara o vulnerable; sin embargo, si se hiciera su calificación en el contexto del área pirenaica, si es una planta abundante, aun siendo endémica, probablemente se podría calificar como no amenazada. El caso inverso puede también darse: una especie puede ser común en muchas zonas de Europa, o estar repartida por muchos países aunque no sea muy abundante; tal especie, a nivel de Europa sería una especie no amenazada; pero, si por ejemplo en Galicia sólo se conoce una población de esa especie, para la flora gallega esa especie tendría que ser calificada como rara o vulnerable. Por esto conviene adaptar las listas preestablecidas y no conformarse con la información disponible para grandes áreas.

En Navarra Aizpuru *et al.* (1990) consideraron cuatro categorías de amenaza, e hicieron un listado de 112 taxones de plantas vasculares de Navarra, pertenecientes a tres categorías (porque en una de ellas no hay en Navarra ninguna especie). Las cuatro categorías de amenaza son las siguientes:

a) especies en peligro de extinción. Son taxones endémicos o con área reducida o disyunta que vivan en comunidades amenazadas constantemente por impactos ecológicos. Para su protección sería necesario un espacio protegido con carácter de Reserva Integral.

En Navarra no hay ninguna especie de esta categoría.

b) especies sensibles. Son taxones estenoicos, con áreas disyuntas o en límite de área, propios de ecosistemas de alta fragilidad y sometidos a impactos severos (deforestación, desecación, sobrepastoreo, etc.) como turberas, arroyos encajados silíceos atlánticos, o bien algunas endémicas o muy raras. Para su protección sería necesario un espacio protegido con carácter de Reserva Natural o Enclave Natural.

En Navarra hay 19 taxones de esta categoría.

c) especies vulnerables. Son taxones que tienen peligro de pasar a integrarse en cualquiera de las dos categorías anteriores si los impactos que sufren los hábitats donde viven continúan produciéndose. La mayoría son especies con poblaciones muy reducidas por encontrarse en su límite de distribución, por ejemplo, plantas alpinas y subalpinas (en el extremo NE) o esteparias semiáridas (en el extremo SE) o atlánticas (en el extremo NO). Para su protección sería adecuado espacios protegidos con categoría de Enclave Natural. Muchas de ellas están incluidas en espacios que pueden ser Parque Natural en un futuro.

En Navarra hay 43 taxones de esta categoría.

d) taxones de especial interés. Son aquellos que son merecedores de atención particular por su valor científico, ecológico, cultural, o por su singularidad. Para su protección sería suficiente un plan especial de vigilancia.

En Navarra hay 50 especies de esta categoría.

La Tabla 6.1 contiene la lista, que los autores consideran preliminar, de plantas amenazadas en uno u otro grado en Navarra, separadas según las distintas zonas geográficas de la provincia (Aizpuru *et al.*, 1990).

Zona y pisos bioclimáticos	**Sensibles**	**Vulnerables**	**De interés especial**
PIRINEO NAVARRO (Pisos alpino, subalpino y montano)	*Buglossoides gastonii** *Lathyrus vivantii** *Narcissus poeticus* *Prunus padus*	*Actaea spicata** *Adonis pyrenaica* *Athyrium distentifolium** *Campanula speciosa** *Cardamine bellidifolia* ssp. *alpina* *Cardamine resedifolia** *Empetrum nigrum* ssp. *hermaphroditicum** *Gentiana burseri** *Geum montanum** *Geum pyrenaicum** *Huperzia selago* *Ranunculus parnassifolius* ssp. *favargeri** *Ranunculus pyrenaeus** *Rubus saxatilis** *Vitaliana primuliflora* ssp. *canescens* *Epipactis palustris*	*Arenaria purpurascens** *Cardamine pentaphyllos** *Cerastium cerastioides** *Cryptogramma crispa* *Dryas octopetala** *Elyna myosuroides** *Minuartia cerastiifolia** *Oxytropis foucaudii** *Petrocallis pyrenaica** *Saponaria caespitosa** *Saxifraga hariotii** *Scutellaria alpina** *Thalictrum macrocarpum** *Thymus nervosus** *Veronica fruticans*
VALLES ATLÁNTICOS (Pisos colino y montano)	*Carpinus betulus** *Drosera intermedia* *Hymenophyllum tunbrigense* *Pinguicula lusitanica* *Soldanella villosa** *Stegnogramma pozoi** *Trichomanes speciosum*	*Carex brizoides* *Carex paniculata* ssp. *lusitanica* *Cystopteris viridula** *Daphne cneorum* *Erica lusitanica* *Huperzia selago* *Prunus lusitanica** *Saxifraga clusii* ssp. *clussi* *Gentiana burseri* *Menyanthes trifoliata* *Orchis laxiflora*	*Carex laevigata* *Crepis paludosa* *Equisetum hyemale* *Illecebrum verticillatum* *Myriophyllum alternifolium* *Narthecium ossifragum*

Zona y pisos bioclimáticos	Sensibles	Vulnerables	De interés especial
NAVARRA MEDIA (Pisos montano, meso y supramediterráneo)	*Aconitum variegatum* ssp. *pyrenaicum* *Arenaria vitoriana* *Cochlearia aragonensis* ssp. *aragonensis* *Cochlearia aragonensis* ssp. *navarrana* *Lathyrus vivantii*	*Armeria cantabrica* *Epipactis palustris* *Lathraea squamaria* *Minuartia rostrata* *Orchis papilionacea* *Paeonia officinalis* ssp. *humilis** *Ranunculus ophioglossifolius* *Saponaria glutinosa* *Sarcocapnos enneaphylla** *Saxifraga fragilis* *Teucrium montanum* *Valeriana longiflora* ssp. *paui*	*Campanula persicifolia* *Cicerbita plumieri* *Cytisophyllum sessilifolius* *Cytisus oromediterraneus* *Equisetum hyemale* *Erinacea anthyllis* *Genista eliassenneni* *Genista florida* ssp. *polygaliphylla* *Iberis carnosa* ssp. *nafarroana* *Ononis striata* *Orchis simia** *Trifolium suffocatum* *Trollius europaeus* *Ulmus laevis*
NAVARRA MERIDIONAL (Piso mesomediterráneo)	*Asplenium petrarchae** *Astragalus clusii* *Microcnemum coralloides** *Rochelia disperma**	*Draba hispanica* *Gypsophila tomentosa* *Lappula squarrosa** *Narcissus dubius** *Ornithogalum ortophyllum* ssp. *baetica* *Paeonia officinalis* ssp. *humilis* *Salsola soda* *Thymus loscosii*	*Biscutella valentina* *Campanula fastigiata* *Cistus laurifolius** *Ephedra fragilis** *Haplophyllum linifolium* *Lavatera triloba* *Moricandia moricandioides* *Parapholis strigosa* *Polygala rupestris* *Polygonum amphibium** *Reseda stricta* *Sideritis montana* ssp. *ebracteata* *Sideritis spinulosa* *Thymus zygis*

Tabla 6.1: *Catálogo preliminar de flora vascular amenazada de Navarra. El * significa que la especie está representada en la flora de alguno de los espacios protegidos de Navarra* (Según Aizpuru *et al.*, 1990).

MÉTODOS DE VALORACIÓN BASADOS EN LA FLORA BRIOFÍTICA COMO GRUPO VEGETAL

Se trata de un método desarrollado por Guerra *et al.* (1989). El objetivo final de este método es cartografiar áreas con distinta calidad botánica, es decir, con distintos grados de conservación de la vegetación natural. El método se aplica a la sierra de Alcaraz (Albacete) y se utilizan como indicadores los briófitos.

Consiste en estudiar los briófitos de un número de localidades tal que cubra todos los posibles tipos de vegetación briofítica del área (en este caso fueron 17 localidades). De cada localidad se estudian los briófitos presentes y los biotopos diferentes que pueden ser colonizados por estos vegetales. En base a estos datos se calculan unos coeficientes que sirven para hallar el coeficiente de calidad botánica de una localidad:

a) Coeficiente de diversidad florística de una localidad = Cdfl

$$\text{Cdfl} = \frac{\text{nº especies presentes en la localidad}}{\text{nº total de especies del área estudiada}} \times 100$$

b) Coeficiente de rareza de una especie = Crsp

$$\text{Crsp} = \frac{\text{nº total de localidades - nº de localidades donde la especie está}}{\text{nº total de localidades}} \times 100$$

c) Coeficiente de originalidad específica de una localidad = Coel

$$\text{Coel} = \frac{\text{suma de los Crsp de las especies de la localidad}}{\text{nº de especies de la localidad}}$$

d) Coeficiente de calidad botánica de una estación o localidad = Ccb

Ccb = Cdfl + Coel + Nb

siendo Nb el número de biotopos ocupados por briófitos en la localidad

Calculando estos valores se puede acabar dando a cada localidad un coeficiente de calidad botánica y se podrán delimitar y comparar áreas en función de dicha calidad. Las localidades no se eligen al azar, sino de tal manera que sean representativas de lo que se quiere comparar. Por ejemplo, en la Sierra de Alcaraz se procuró que las localidades fueran representativas de los distintos biotopos que se pueden encontrar en la zona. Así, un coeficiente de calidad botánica que caracterice a una localidad, será también válido para caracterizar al biotopo que esa localidad representa. En el caso del trabajo citado, en concreto, se eligieron las localidades según los distintos tipos de vegetación y el grado de conservación de la misma.

Cuando la vegetación en un área es muy homogénea lo más normal es que una sola localidad, bien elegida en cuanto a que tenga en ella todos los posibles biotopos para briófitos, sirva para caracterizar esa área. En otros casos, si en un área se ha estudiado más de una localidad, por ejemplo, por no encontrar una que sea muy representativa, lo que se puede hacer es utilizar para caracterizar el área la media de los valores del coeficiente de calidad botánica que tenga cada localidad, si es que todas han sido estudiadas con la misma profundidad, o bien, si no lo han sido, se puede hacer la evaluación considerando los datos de todas las localidades como si fueran una sola. En este segundo caso, para que pueda aplicarse correctamente, es necesario que una localidad al menos se haya estudiado bastante en profundidad, y entonces el resto de localidades sirven para completar biotopos briológicos que no estén en la mejor estudiada, o para ampliar el catálogo de briófitos del área en cuestión.

Una vez caracterizadas las áreas, se pueden establecer grados de calidad botánica y representarlas en mapas. Se suele dar a los grados de calidad los números menores para indicar las áreas de menor calidad o más degradados.

En la Sierra de Alcaraz, los valores que tienen los coeficientes de calidad botánica varían entre 66,09 y 110,44, lo que sirve a los autores para definir 8 áreas de calidad, que luego describen, y para las cuales se puede recomendar usos y manejos en función de su valor. En la Sierra de Alcaraz el grado de calidad botánica 1 corresponde al intervalo del coeficiente de calidad botánica entre 66,09 y 67,6 y las áreas que se consideran en este nivel son las que tienen la vegetación más degradada de toda la Sierra; son zonas de campos de cultivo, algo de matorral y algunas parcelas de repoblaciones con pinos. En el extremo opuesto, el grado de calidad botánica 8, el máximo, tiene un coeficiente de calidad botánica de 110,44 (valor medio de tres localidades) y el área corresponde a las zonas mejor conservadas; son comunidades climácicas, tales como bosques de carrasca, o de arces y quejigos, así como comunidades de sus series de vegetación, también bien conservadas, e incluso hay manchas de vegetación relicta de tejos. En función de esta clasificación, se pueden recomendar usos y manejos. Así, por ejemplo, recomiendan que se establezca algún tipo de protección para la zona de grado de calidad 8, mientras que para la de grado 1 no se hace ninguna recomendación en este sentido.

MÉTODOS DE VALORACIÓN BASADOS EN LAS COMUNIDADES VEGETALES

Han sido desarrollados a lo largo de los últimos decenios en distintas zonas de Europa. Para España, aunque hay otros (fundamentalmente desarrollados por botánicos de la zona sur), el más completo es el de Loidi (1993), que se basa en la valoración de la vegetación en función de una serie de criterios que luego comentaremos.

El uso de comunidades vegetales para la política de ordenación del territorio y la conservación de la naturaleza es en principio aceptado en muchos países. Ahora bien: ¿cómo usarlas, qué elementos de la vegetación de un área deben ser usados y cómo hacerlo? Durante muchos años se emplearon, y aún se emplean como hemos visto anteriormente, criterios acerca de la flora, pero posteriormente se empezó a plantear la utilidad de la vegetación, que se podría considerar al fin y al cabo como el $\sum$flora, ya que las comunidades vegetales integran muchas variables ambientales, resumen la diversidad florística de una zona y también implican las relaciones ecológicas entre muchos organismos.

Los criterios que se consideran importantes para valorar los sintaxa, que tienen que estar representados en un mapa de vegetación, son los siguientes:

A) Naturalidad = N, que intenta expresar el grado de influencia humana en esa comunidad. Se valora de 0 a 10, siendo 0 el valor para áreas intensamente urbanizadas, completamente ocupadas por edificios, carreteras, etc., prácticamente sin plantas, y 10, el valor para bosques maduros no explotados, vegetación de rocas, fisuras y graveras, turberas, zonas pantanosas salinas costeras, dunas no intervenidas, y matorrales y pastos climácicos alpinos y subalpinos o de alta montaña (Clases *Querco-Fagetea*, *Quercetea ilicis*, *Pino-Juniperetea*, *Vaccinio-Piceetea*, *Asplenietea trichomanis*, *Thlaspietea rotundifolii*, *Ammophiletea*, *Elyno-Seslerietea*, *Oxycocco-Sphagnetea*, etc.).

B) Reemplazabilidad = P, que expresa la capacidad de regeneración de la comunidad después de su destrucción por causas naturales o debido a la intervención humana. La escala de valores va también de 0 a 10, pero en este caso en sentido inverso, pues evidentemente cuanto más difícil de autoregenerarse es una comunidad vegetal, mayor debe ser su valor ecológico y su significación y necesidad de protección. Así, la reemplazabilidad es P=0 si no hay vegetación, P=1 para comunidades pioneras anuales de *Polygono-Poetea annuae*, *Ruderali-Secalietea* y *Helienthemetea annuae*, hasta P=10, que corresponde a vegetación relicta que no puede autoreemplazarse por sí misma de forma natural si se destruye.

C) Vulnerabilidad = T, trata de reflejar el peligro o las amenazas que sufre la comunidad. Como depende de todos los factores productores de amenazas puede ser difícil de estimar. Varía su valor también entre 0 y 10, siendo 0 = no hay vegetación, 1 = grietas de rocas y lugares de montaña inaccesibles (nadie puede llegar a destrozarlas) y 10 = dunas costeras y proximidades de explotaciones mineras y de turba (por su fragilidad y accesibilidad al hombre).

D) Valor florístico-fitocenológico = F, que es una medida del valor intrínseco de la comunidad, dado por la flora que la compone y las relaciones estructurales entre sus especies. También se valora de 0 a 10, e igualmente el valor 0 significa ausencia de vegetación. El valor 1 se da a la vegetación nitrófila, con especies comunes y estructura sencilla (*Polygono-Poetea annuae*, *Artemisietea vulgaris*, *Ruderali-Secalietea*) y el 10 a bosques mesofíticos y húmedos de áreas temperadas, que contienen muchas especies, algunas de ellas raras o relictas, y sus comunidades asociadas y también a las dehesas (*Galio-Alliarietalia, Trifolio-Geranienea, Montio-Cardaminetea, Adenostyletalia, Populetalia albae, Carpinion*, etc.).

E) Rareza = R, refleja la rareza o abundancia de la comunidad. La escala de valores, también de 0 a 10, se basa en la distancia que habría que recorrer para encontrar otra comunidad igual. Así, R = 0 si la distancia es igual o menor que 500 metros, y va aumentando el valor hasta R = 10 si la distancia es 40 Km o más.

F) Necesidad territorial de protección del ecosistema = E, indica la necesidad adicional de protección que pueda tener un ecosistema por causa de su situación más o menos próximo a poblaciones y según el número de habitantes que pueblen su área. Se valora de 0,5 a 3, precisamente en función de la densidad de habitantes de la zona. El valor E = 0,5 se da a comunidades integradas en áreas con 1 a 4 habitantes/Km^2 y E = 3 si la población es de 600 habitantes/Km^2 o más.

Con estos seis valores se calcula un nuevo valor, que se llama **«interés para la conservación»** = **CI** mediante la fórmula:

$$CI = E \times (N + P + T + F + R) = E \times B$$

B se llama «valor biológico» y evidentemente es igual a N + P + T + F + R.

CI dará idea del valor de cada unidad de vegetación considerada. A mayor CI, evidentemente, mayor interés para la conservación.

Ahora, si se quiere evaluar un área determinada, en la que hay «i» unidades de vegetación, cada una con un valor de CI_i, se puede calcular un valor de interés global, utilizando para su cálculo los CI y la extensión que ocupa cada unidad i de la siguiente manera:

$$TCI_i = CI_i \times A_i = E_i \times B_i \times A_i = E_i \times BT_i$$

donde **TCI_i es el «interés total para la conservación»** de la unidad i, A_i es el área ocupada por la unidad i y BT_i es el «valor biológico total» de la unidad i (= $B_i \times A_i$).

El **«interés global»** = **GI** de toda un área, con las unidades i ya valoradas sería:

$$GI = \sum TCI_i$$

Este sería el parámetro que podría usarse para evaluar de forma objetiva el grado de importancia para la conservación de un área dada.

Una aplicación de este método fue hecha por Sesma & Loidi (1993) para la Sierra de Peña, sólo calculando los CI de las distintas unidades. Resultó:

Quejigar - 25,5
Lentiscar - 20
Encinar supramediterráneo - 19,5

Encinar mesomediterráneo - 18
Chopera - 16,5
Sabinar con boj - 15,5
Coscojar con boj - 12
Pinar - 11,5
Cascaulares - 11
Tomillares y salviares - 6,5

Otra forma de valorar la cubierta vegetal de una zona, utilizada sobretodo para los estudios de impacto ambiental (Conesa, 1993) consiste en considerar como parámetros el interés y la densidad de las especies vegetales.

El interés = K se valora según la escala que figura en la tabla 6.2.

Especies	**K**
endemismos	1
raras	0,8
poco comunes	0,6
frecuentes	0,4
comunes	0,2
muy comunes	0,1

Tabla 6.2: *Valores del interés de las especies vegetales (K) según sean endémicas, raras, etc.* (Basado en Conesa, 1993).

La densidad se valora mediante el porcentaje de la superficie total (S_t) que se esté estudiando que esté cubierta por vegetación (S_i) tanto de forma global como por especies, o por estratos, o por comunidades. Se calcula el valor del porcentaje de superficie cubierta ponderado con el valor de K y así se obtiene un número que sirve para valorar la cubierta vegetal y que puede ser utilizado en las evaluaciones de impacto ambiental como indicador de impacto (I), según la fórmula siguiente:

$$I = \frac{100}{S_t} \sum S_i \times K_i$$

I será mayor cuantas más especies haya en el área, cuanta más superficie cubran y cuanto más raras sean.

MÉTODOS DE VALORACIÓN DE ECOSISTEMAS EN SU CONJUNTO

Tomamos como ejemplo el estudio realizado sobre lagunas y humedales de Cirujano *et al.* (1992).

Las zonas húmedas han sido consideradas importantes tradicionalmente en España por ser refugio para aves acuáticas (sobre todo anátidas). Cuando se han valorado zonas húmedas se ha hecho en base a sus poblaciones de aves acuáticas (Amat *et al.*, 1985), aunque la utilización de plantas para valorar estos hábitats puede ser muy interesante y adecuada. Sin embargo, actualmente, hay problemas para su utilización, como:

— ausencia de índices ya elaborados que reflejen la importancia de las plantas y las comunidades acuáticas;

— los macrófitos acuáticos viven, además de en España, en otros países, por lo cual utilizar los endemismos para la valoración sería poco adecuado, aunque entre la flora acuática europea hay al menos 61 taxones endémicos y el 44% están en España;

— tanto la flora como las comunidades acuáticas están insuficientemente conocidas, hay escasez de datos. En España, la vegetación acuática y de las zonas de fuerte influencia acuática está representada por 11 clases, 16 órdenes, 30 alianzas y 89 asociaciones;

— en España, además de áreas acuáticas normales, existen zonas húmedas muy particulares, de nivel fluctuante, muy vulnerables y únicas en Europa.

Cirujano *et al.* (1992) consideran factores importantes para valorar las zonas húmedas la abundancia y la distribución de las especies, en concreto se centran en dos conceptos: importancia de las especies que viven en cada enclave y diversidad vegetal de los mismos.

Para valorar el primer concepto, es decir, la «importancia de las especies» han tenido en cuenta tres aspectos: la frecuencia a nivel nacional, el estado de conservación en el territorio estudiado y la importancia en el marco de la flora europea.

— **Índice de frecuencia nacional = Ip**, refleja la frecuencia de cada especie en nuestro país, y se calcula a partir del número de citas conocidas y datos complementarios que existan acerca de su distribución. Como en general la importancia de cada taxon está en relación inversa a su frecuencia, se dan los valores del Ip así:

  2 = planta muy frecuente;

  4 = planta relativamente frecuente;

  6 = planta escasa;

  8 = planta rara;

  10 = planta muy rara, de la que se conocen muy pocas localidades.

— **Índice de conservación = Ic**, intenta reflejar si la planta está o no en algún tipo de peligro para su conservación. Para ello se utilizan datos bibliográficos, tanto de las especies como de los hábitats que ocupan. Se dan los siguientes valores:

2 = planta no amenazada; son plantas ubiquistas que no necesitan condiciones especiales para su desarrollo;

4 = planta vulnerable; su frecuencia podría disminuir si se alteran las condiciones en que vive;

6 = planta amenazada; son especies cuya frecuencia, abundancia y distribución se han alterado en los últimos años como consecuencia de la alteración de las condiciones de su hábitat;

8 = planta muy amenazada; aquellas que han sufrido una recesión importante en los últimos años;

10 = planta en peligro de extinción; plantas muy poco frecuentes, de enclaves con características ecológicas muy definidas y que hoy en día se están alterando gravemente.

— **Índice de frecuencia europea = Ie**, refleja la importancia de la planta en el continente europeo, y se hace en base a los datos de Flora Europaea (Tutin *et al.*, 1964-1980), así:

2 = planta muy frecuente y distribuída por muchos países de Europa;

4 = planta frecuente en Europa aunque puede no estar citada en muchos países;

6 = planta escasa en Europa;

8 = planta con distribución localizada y limitada, ligada a hábitats o condiciones ecológicas muy concretas, aunque puede estar en muchos países;

10 = planta endémica o citada en nuestro país como único en Europa.

— **Índice de valoración total de una planta = It**, se calcula haciendo la media de los tres anteriores:

$$It = \frac{Ip + Ic + Ie}{3}$$

It varía entre 2 y 10, de tal manera que cuanto mayor es It más importante es la planta como valoradora de un ambiente.

Una vez se tienen los valores de It para las plantas acuáticas y de los alrededores del agua, se pueden calcular otros índices que se refieren al segundo concepto a tener en cuenta, es decir, la «diversidad vegetal», para valorar ya la zona húmeda en su conjunto. Como en el estudio que estamos comentando se trata de valorar zonas húmedas, los autores consideran, para valorar la diversidad, dos niveles: por un lado las plantas estrictamente acuáticas, y por otro todas las plantas del ecosistema, es decir, tanto las acuáticas como las que viven en el área de influencia del agua. Así, calculan dos índices:

— **Índice florístico** = **If**, refleja el valor del conjunto de las especies de la zona a valorar, en este caso utilizando únicamente las que sean estrictamente acuáticas:

$$If = \frac{\sum It}{n}$$

siendo n el número de plantas de la zona que se está valorando. Aunque el valor mínimo de It es 2 el valor de If varía entre 0 y 10, pues puede darse el caso de que haya 0 plantas estrictamente acuáticas, que son las únicas que interesan para este índice.

— **Índice de diversidad** = **Id**, valora la diversidad vegetal de la zona. En el caso de zonas húmedas no sólo se consideran las estrictamente acuáticas, sino también las que viven en los alrededores y que dan carácter al humedal, por ejemplo las higrófitas y helófitas (que no son estrictamente acuáticas). El Id se relaciona con el número de especies diferentes de la zona:

2 = zona con 1 o 2 especies
4 = zona con 3 a 5 especies
6 = zona con 6 a 10 especies
8 = zona con 11 a 20 especies
10 = zona con más de 20 especies

Una vez valorada la flora acuática (If) y el conjunto de la flora (Id) de la zona acuática, puede procederse a hallar el índice final de valoración del área:

— **Índice de valoración de la zona** (en este caso de la zona húmeda) **= Ih**, es ya el valor global para cada zona húmeda, y se calcula según la siguiente fórmula:

$$Ih = \frac{If + Id}{2}$$

Ih varía entre 1 y 10. Tiene valor 1 cuando If vale 0, y esto ocurre si no hay plantas acuáticas que son las únicas consideradas para hallar el valor de If. Además debe haber sólo una o dos especies en los alrededores.

En el caso de España, se han calculado los valores Ih de 445 enclaves húmedos, y varía entre 1 y 7,3, con valor medio de 4,05.

Se han establecido unos valores especiales para indicar la importancia de las zonas húmedas (Tabla 6.3).

Cirujano *et al.* (1992) también consideran «zonas húmedas con interés singular», como aquellas en las que, aunque el Ih no sea muy elevado, haya especies de las declaradas como «singulares», lo cual se hace según cual sea la importancia de la especie en España y en Europa. Son plantas de interés singular a nivel europeo las que tienen un Ie = 10 y son plantas de interés singular a nivel nacional las que tienen un Ip = 10. Los mencionados autores han catalogado 82 zonas húmedas con interés singular en España, de las que 38 están así mismo incluidas en las zonas de importancia europea o nacional.

En los mapas de la Fig. 6.3 puede apreciarse la situación de los humedales estudiados y de las zonas de algún tipo de interés.

Valor de Ih	Tipo de zona	nº en España
> 6,5	Zona húmeda con importancia europea	17
de 5,5 a 6,5	Zona húmeda de importancia nacional	62

Tabla 6.3: *Tipos de zona húmeda y número que de ellos hay en España en función de sus índices de valoración Ih* (Basado en Cirujano *et al.*, 1992).

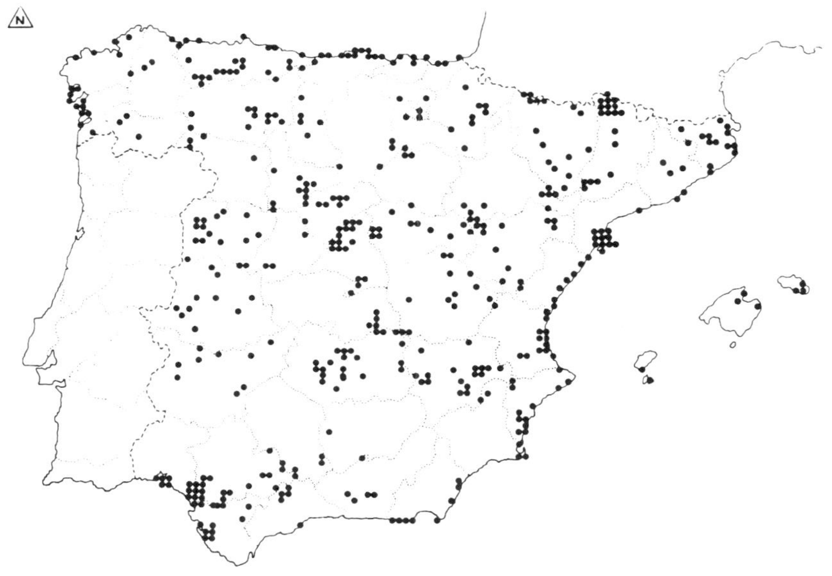

Fig. 6.3.A: *Situación en España de humedales estudiados* (Tomados de Cirujano *et al.*, 1992).

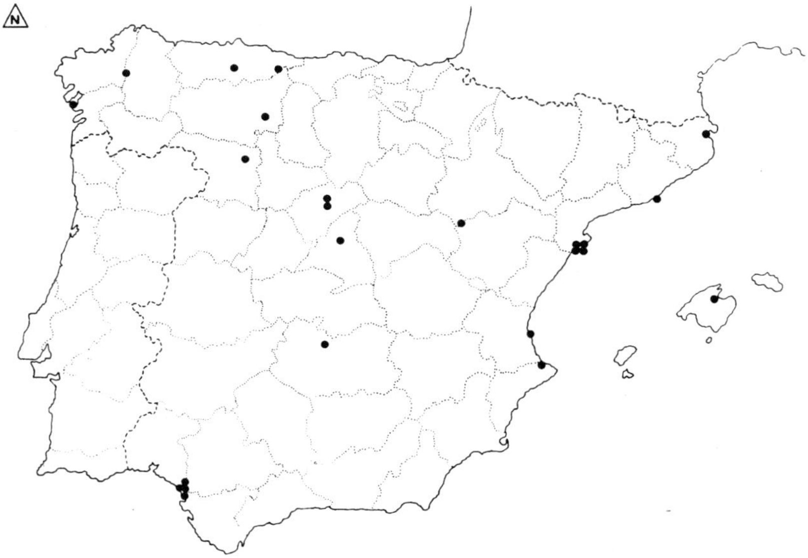

Fig. 6.3.B: *Situación en España de zonas húmedas con importancia europea* (Tomados de Cirujano *et al.*, 1992).

Fig. 6.3.C: *Situación en España de zonas húmedas con importancia nacional* (Tomados de Cirujano *et al.*, 1992).

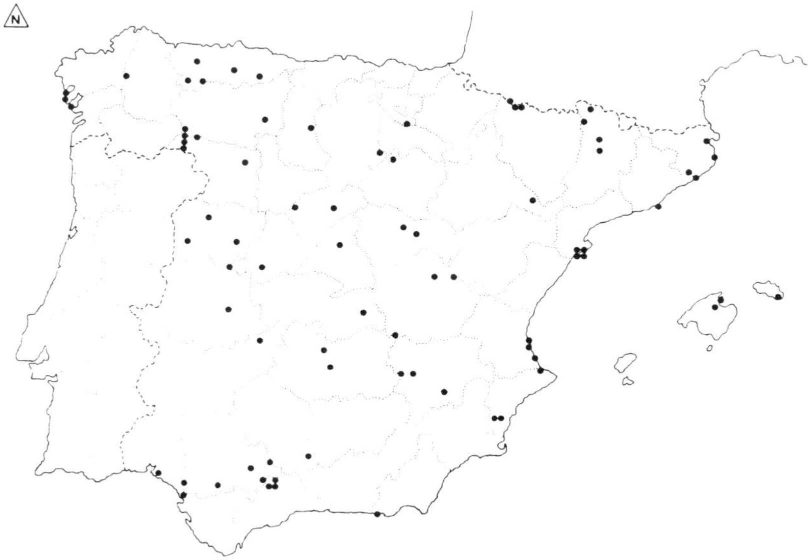

Fig. 6.3 D: *Situación en España de zonas húmedas con interés singular* (Tomados de Cirujano *et al.*, 1992).

TEMA 7. TÉCNICAS EMPLEADAS PARA LA RECUPERACIÓN DE MEDIOS ALTERADOS: CULTIVOS, REPOBLACIONES, HIDROSIEMBRAS

INTRODUCCIÓN

Muchas actividades humanas, o también actividades más o menos naturales, como hemos visto en el capítulo cinco, conducen a una degradación más o menos fuerte de la superficie de la tierra. Entre ellas se encuentran las actividades mineras, las canteras para extracción de materiales de construcción, las obras civiles, como carreteras, autovías y autopistas, embalses, puertos deportivos, industrias, zonas urbanas abandonadas, áreas sometidas a excesiva presión por actividades recreativas, agrícolas o ganaderas, zonas afectadas por incendios y por erosión, y muchas más que sería largo enumerar. Todos estos procesos dejan como secuela superficies alteradas que degradan la calidad del medio, por lo que, en ocasiones, afortunadamente cada vez de forma más frecuente, se intentan realizar algunas actividades en las zonas degradadas con el fin de recuperarlas. Entre las técnicas más empleadas como base de la recuperación están las de revegetación, que pretenden conseguir la reimplantación de una cubierta vegetal con distintos objetivos:

— **Paisajísticos**: se trata de reintegrar la zona en el paisaje circundante.

— **Ecológicos**: se intenta restablecer, o ayudar a restablecer, las comunidades clímax o, al menos, recuperar comunidades mejor estructuradas, creando condiciones mejores para la estabilidad del suelo y para aumentar su resistencia frente a las agresiones atmosféricas. Así mismo, se trata de eliminar o minimizar problemas ambientales progresivos, como la erosión, la desertización o la pérdida de biodiversidad, que se producen en las zonas alteradas por el simple hecho de serlo.

— **Económicos**: a veces, se intenta conseguir beneficios económicos, bien porque se pueda explotar el sistema que se crea (mediante extracción de madera, frutos o corteza), como es el caso de algunas repoblaciones forestales, bien porque se recupere la zona y se favorezca el ocio, el recreo y la afluencia de personas, como pueden ser las áreas de descanso o zonas recreativas.

— **De corrección de impactos**: si se trata de zonas alteradas a causa de obras civiles, generalmente se intenta corregir impactos negativos de la obra y, también, inducir impactos positivos que compensen a los negativos no recuperables.

Los trabajos de restauración incluyen, además de la revegetación, un tratamiento previo de remodelación del terreno, para adecuarlo a la topografía local. La remodelación ha de conseguir minimizar los problemas de erosión y pérdida del suelo, creando una topografía que, por sus características de líneas, pendientes y elementos, quede integrada en el entorno y facilite la implantación de la vegetación y la circulación correcta del agua. Es conveniente tener en cuenta que, si es posible, lo mejor es intentar reproducir la topografía que tenía el lugar antes de que fuera degradado y, en todo caso, es importante tratar de evitar introducir elementos discordantes, llamativos o impactantes.

Centrándonos ya en el apartado de la revegetación, supuesto ya el terreno restituido topográficamente y remodelado en todo lo que se crea conveniente, el primer aspecto importante a considerar es qué vegetación es la más adecuada. Para poder elegir el tipo de vegetación que mejor puede satisfacer los objetivos de la revegetación y las condiciones del terreno, hay que considerar los factores ecológicos, técnicos y sociales que modelan el territorio, porque todos ellos pueden influir en la elección del tipo de vegetación a implantar; entre estos factores, cabe destacar los siguientes:

— Bioclimatología de la zona.

— Topografía, geología, edafología, hidrología, y cuantos factores del medio físico puedan condicionar el éxito de la revegetación.

— Series de vegetación, comunidad clímax, vegetación potencial y actual, etapas de degradación.

— Especies dominantes en las distintas etapas seriales naturales, y otras especies que, aunque sean exóticas, estén presentes en la zona.

— Destino o utilización prevista para el espacio que se va a revegetar.

— Posibilidades técnicas del proceso de revegetación.

En el fondo, cuando se emprende un proyecto de revegetación, lo que se pretende es acelerar, ayudar o permitir que se de una sucesión ecológica que de todas formas se daría normalmente, pero acelerándola, para alcanzar la máxima madurez en el menor tiempo posible.

Una vez considerados todos los factores puede ser que lo adecuado sea A) implantar vegetación herbácea; o bien B) implantar vegetación leñosa.

IMPLANTACIÓN DE HERBÁCEAS

Introducción: condiciones generales para la implantación de herbáceas

La implantación de herbáceas suele elegirse cuando el espacio a revegetar ha llegado a un estado tal de degradación, que sería imposible recuperar comunidades vegetales más evolucionadas. Por ejemplo, cuando se trata de recuperar zonas con roca al desnudo o con suelos absolutamente superficiales e inmaduros, o pendientes muy fuertes, o áreas en climas muy extremados. En todos estos casos es preferible intentar que se desarrollen plantas herbáceas, que cumplirán, por un lado, su misión como protectoras del suelo y, por otro, crearán condiciones más favorables para la evolución futura de la vegetación hacia sistemas más maduros.

Hay que tener siempre en cuenta el clima de la zona para elegir correctamente las especies a sembrar y la época de siembra: si el clima es templado y húmedo, generalmente no suele haber limitaciones, y la siembra se puede hacer indistintamente en otoño o en primavera, pudiéndose utilizar una gran variedad de especies; en cambio, si el clima es más seco, la siembra se debe hacer en otoño, sobre todo si se trata de pendientes orientadas al sur, y las especies adecuadas para la siembra suelen ser menos; a veces, para que prosperen desde el principio, deben elegirse semillas de especies propias de zonas algo más áridas que la que se intenta recuperar.

En ocasiones es imposible respetar las épocas de siembra más adecuadas, debido a que puede ser necesario hacer la siembra rápidamente con el fin de que no progrese la erosión. Esto suele ser bastante frecuente en obras civiles (carreteras, autovías), en las que pueden crearse espacios desnudos como consecuencia de los movimientos de tierras, y en los que, para evitar la pérdida del suelo, se tiene que implantar vegetación con rapidez; entonces la época de siembra viene marcada por la marcha de la obra, pues podría ser más nocivo para el terreno dejarlo desnudo esperando a la estación más favorable para la siembra, que sembrarlo fuera de época. Además, siempre será posible, en función del éxito obtenido, hacer una segunda siembra en el momento óptimo.

Técnicas para implantar vegetación herbácea

Las técnicas que se emplean para implantar vegetación herbácea dependen sobre todo de la topografía del terreno a revegetar. En general, podremos encontrar dos tipos de superficies:

- Superficies llanas o con poca pendiente, en las que, o bien hay ya tierra vegetal, o bien se puede aportar con facilidad, y en donde la maquinaria convencional puede trabajar.
- Superficies de pendiente acusada, con tierra vegetal escasa y sin posibilidad de aportarla, ya que no se sujetaría, y donde la maquinaria convencional no puede trabajar.

Se llama tierra vegetal a la tierra localizada en los horizontes superficiales de los suelos más o menos bien desarrollados, donde se concentran los nutrientes, la materia orgánica y la humedad. Por esto, se considera que la tierra vegetal tiene gran valor para la revegetación, pues es un sustrato muy rico. Cuando se hacen obras que incluyen movimientos de tierras y pérdida de suelos porque queden cubiertos por otros materiales (vías de comunicación, embalses, minería a cielo abierto), es muy conveniente, antes de realizar los movimientos de tierras, retirar y almacenar los 20-40 cm superficiales del suelo que va a resultar afectado, porque será una tierra vegetal de mayor o menor calidad, según fuera el suelo de fértil, que luego podrá utilizarse para la revegetación. A menudo, el pliego de condiciones técnicas del proyecto de revegetación fija unas características para la tierra vegetal, que sólo se cumple en suelos excelentes y en sustratos de jardinería; por eso, se suele recurrir a la tierra vegetal extraída de la obra, enriquecida en materia orgánica por adición de estiércol u otras sustancias, o con enmiendas calizas para mejorar su pH.

En el caso de que la superficie a revegetar sea fácilmente mecanizable, con tierra vegetal o posibilidad de aportarla, una vez elegidas las especies para la siembra, las técnicas más adecuadas son típicamente agrícolas. Incluyen laboreo, aporte de enmiendas y abonos si son necesarios (para saberlo es conveniente hacer algunos análisis al suelo), siembra con la maquinaria o incluso a mano, y tapado de la semilla o pase de rulo.

Sin embargo, cuando las pendientes son fuertes y, por tanto, no son mecanizables, y además no hay tierra vegetal, o es escasa, y por su inestabilidad no es posible ni conveniente aportarla porque se producirían deslizamientos, no se pueden usar técnicas tradicionales. Se han desarrollado para estos casos técnicas especiales, entre las que se encuentra la hidrosiembra, de la que hablaremos a continuación.

La hidrosiembra

La hidrosiembra, como su propio nombre indica, consiste en sembrar las semillas mezcladas con agua; en el agua, además, se añaden también otros productos para facilitar el arraigo y desarrollo de las plantas.

La mezcla de la hidrosiembra contiene, en proporciones que se suelen indicar en cada caso, los siguientes elementos:

— Semillas.
— Abonos.
— Estabilizadores-fijadores.
— Mulches protectores.
— Agua.

La hidrosiembra se hace con una máquina que se llama hidrosembradora (Fig. 7.1), en la cual hay un tanque o depósito, que normalmente tiene entre 3.000

y 6.000 litros de capacidad, en el que se hace la mezcla y se remueve el líquido mediante un agitador, que generalmente es de paletas. Para hacer la mezcla, lo primero que se suele poner en el tanque es agua, en la cantidad adecuada para que cubra las paletas del agitador; a continuación se pone a funcionar el agitador y se añade el mulch, agitando hasta que la mezcla se haya hecho homogénea; después se completa el agua hasta el nivel previsto y se añaden las semillas y el abono, sin dejar de agitar. Por último, se añade el estabilizador, y se sigue agitando para que la mezcla se mantenga homogénea.

La hidrosembradora tiene también una bomba para extraer la mezcla y lanzarla a presión a través de una manguera, que puede ser regulable en longitud, hacia la superficie de terreno que se va a sembrar. Para que la mezcla se mantenga homogénea conviene tener el agitador de la hidrosembradora en funcionamiento mientras se hace la hidrosiembra y, si no se agota el tanque, ponerlo a funcionar durante un rato, 15 ó 20 minutos, antes de volver a emplearla.

Lo normal es que la hidrosembradora vaya instalada encima de un camión para facilitar la siembra.

El cañón o manguera de hidrosiembra debe ser lo suficientemente largo para que la mezcla caiga al terreno imitando a la lluvia, desde arriba hacia abajo. En la Fig. 7.1 puede apreciarse cómo es y cómo funciona una hidrosembradora.

Antes de proceder a la hidrosiembra conviene, si la inclinación del terreno lo permite, preparar físicamente algo la superficie. Por ejemplo, si es desigual, se podría intentar nivelar haciendo que desaparezcan los surcos, o rellenando oquedades o, si es muy pedregosa, se podrían retirar las piedras mayores, o se podría rayar horizontalmente el terreno para facilitar el arraigo de las semillas.

Fig. 7.1: *Esquema de una hidrosembradora trabajando* (Tomado de Calvo Zamorano, 1989).

La hidrosiembra se hace siempre en doble pasada, la segunda pasada a continuación de la primera, pero en sentido contrario, con el fin de conseguir una mayor uniformidad. Las dosis a emplear en las dos pasadas suelen ser distintas, pues en la segunda se debe aportar mulch de tapado y estabilizador, pero no semillas ni abonos.

Cuando se desea implantar vegetación herbácea por hidrosiembra suele ser necesario realizar algunos cuidados posteriores a las superficies hidrosembradas, para favorecer el desarrollo y el mantenimiento de las especies sembradas, como por ejemplo:

— Segar en primavera y en otoño durante dos años.
— Evitar el acceso de ganado durante al menos dos años.
— Abonar con fertilizantes orgánicos y minerales hasta los tres años.

A continuación vamos a comentar en qué consiste cada uno de los elementos que forman parte de la mezcla de la hidrosiembra, así como algunos detalles de interés de los mismos:

• **Mulch**. Se denomina mulch a un conjunto de materiales de origen orgánico, o más rara vez inorgánico, cuya función es recubrir el suelo para servir de protección, tanto para el propio suelo como para las semillas.

Entre los efectos que produce el mulch cabe destacar los siguientes:

— Protege el suelo, reduciendo la acción erosiva de la lluvia y del viento, así como la escorrentía, porque forma una capa por encima del suelo; por ello colabora en el mantenimiento de los elementos finos del suelo, así como de los abonos y las semillas de la mezcla de hidrosiembra, sobre todo en pendientes fuertes.
— Favorece la hidratación del terreno, porque retiene el agua y reduce la evaporación.
— Favorece la aparición de las plantas sembradas, porque mantiene más uniforme la temperatura del suelo, creando un microhábitat apropiado para la germinación de las semillas y, además, facilita el enraizamiento de las plántulas. Esto es útil, sobre todo, cuando se hacen siembras fuera de la estación óptima.
— Si el mulch es orgánico, según vaya pasando el tiempo quedará incorporado al suelo, enriqueciéndolo en materia orgánica.

Hay muchas sustancias que sirven para fabricar mulch: paja de cereales triturada en pedazos muy pequeños, heno de alfalfa triturado y secado, serrín, celulosa de pasta de madera obtenida por medios mecánicos, no químicos, papel de periódico triturado, turba, mantillo, fibra de vidrio, gravilla, betún asfáltico, resinas hechas a base de urea y formol, etc. Hoy en día, algunos tipos de mulch, sobre todo los inorgánicos, ya no se usan, porque presentan algunos problemas para su implantación.

El mulch que más se utiliza es la celulosa de fibra larga, porque es la que más trabazón permite; se obtiene de pastas para fabricar papel por medios mecánicos, para evitar posibles efectos nocivos de sustancia químicas. Es muy frecuente añadir, a esta base de celulosa, paja de cereales y papel. El mejor papel es el de periódico, porque tiene pocas colas y es el más absorbente; se pica y se mezcla todo para aumentar el efecto de esponja del mulch.

• **Estabilizadores**. Se definen los estabilizadores como aquellos productos orgánicos o inorgánicos que, aplicados en la solución acuosa en las hidrosiembras, contribuyen a mejorar la estructura del suelo y reducen el peligro de erosión, porque aglomeran las partículas de suelo, formando enlaces coloidales que aumentan la porosidad del mismo y su capacidad de retención de agua. En suma, son productos que, de una forma u otra, pegan entre sí las partículas.

Hay tres tipos de estabilizadores:

— Estabilizadores orgánicos. Son derivados de algas marinas, en forma de extractos acuosos coloidales. Resultan buenos aglutinadores de las partículas del suelo y estabilizan las semillas, aportando, además, microorganismos, que favorecen el desarrollo de la vida bacteriana del suelo; también son ricos en oligoelementos. Son cada vez más utilizados.

— Estabilizadores de polímeros sintéticos. Son diversos derivados del petróleo, a base de polianiones (acetato de polivinilo), policationes (dimetilamino-etil-metacrilato), dipolares (poliacrilamida), dispersiones de plásticos, polibutadienos, policelulosas, etcétera. Son objeto de estudio y mejora constante, y salen al mercado bajo nombres comerciales como Curasol, Agrofix 614, Terrarest 801K, etc. Son, probablemente, los más empleados en la actualidad. Su acción se basa en que, mezclados con el mulch en la solución acuosa, son capaces de penetrar en el suelo, reaccionando con el oxígeno del aire de los poros del suelo y formando unas redes tridimensionales muy resistentes, de hasta 20 mm de grosor, que pega las partículas y retiene el agua y las semillas.

— Estabilizadores de emulsiones bituminosas. Se usan poco en la actualidad, salvo en el método paja-betún, pues existen limitaciones de pendiente (debe ser inferior a 2:1) y de precio. (El método de siembra paja-betún consiste en proyectar una mezcla de semillas y abonos, a continuación una capa de paja picada de recubrimiento y para terminar, la emulsión bituminosa para fijar y estabilizar la paja, las semillas, y los abonos).

• **Abonos**. En general, las hidrosiembras se realizan en terrenos con suelos empobrecidos e, incluso, sin suelo, por lo que suele ser necesario añadir abonos.

Para que la hidrosiembra tenga éxito, lo mejor es aportar a la mezcla de hidrosiembra abonos orgánicos de incorporación lenta, o sea, que se disuelvan poco a poco para que, cuando pasados 20-30 días las semillas germinen, las raicillas tengan a su disposición los elementos nutritivos necesarios. Si se aportan granulados de NPK solubles es posible que, además de inhibir la germinación en cantidades grandes (recién hecha la siembra), en el momento en que fueran necesarios hayan sido ya lavados.

Los abonos de asimilación lenta están formados generalmente por harina de huesos, cuernos, sangres, pezuñas, carnes, plumas, etc., a la que se le añade sales minerales con N, P, K, Mg, S, etc., como nitrato potásico, fosfatos, sulfato magnésico, etc.

• **Semillas**. Dado que la finalidad de la hidrosiembra es implantar una vegetación herbácea que mejore el suelo, lo proteja de la erosión y sirva de inicio a la serie de recolonización vegetal, la elección de las semillas correctas es muy importante. Debe elegirse una mezcla que contenga al menos seis especies diferentes, entre las que tiene que haber gramíneas y leguminosas. Las gramíneas, porque generalmente tienen alta capacidad encespedante y rapidez de germinación; las leguminosas, porque al poder fijar el N atmosférico, contribuyen a enriquecer el suelo. Se dice que puede ser conveniente añadir a la mezcla de semillas, que seguramente habrá sido comprada en semilleros, algunas semillas de plantas de las mismas especies, pero autóctonas, obtenidas segando y trillando zonas próximas; si se hace así, se añade no sólo semillas, sino también paja que enriquece el mulch.

Las semillas deben cumplir una serie de criterios de calidad que se suelen especificar en el pliego de condiciones del proyecto de revegetación y que, generalmente, hacen referencia a su pureza (≥90%), a su poder germinativo (>80%), al etiquetado y envasado (deben figurar los datos de nombre, origen, variedad de la especie), así como a la ausencia de enfermedades y de ataques de roedores o insectos, etc. El pliego de condiciones también suele especificar la dosis a emplear, que suele ser tal, que el número de semillas sea lo suficientemente elevado como para que queden y germinen muchísimas, aunque los pájaros, los insectos o el agua hagan desaparecer algunas.

Además, las semillas que se empleen deben cumplir una serie de condiciones ecológicas y biológicas o técnicas, como son las siguientes:

— Es mejor que las especies elegidas sean colonizadoras, oportunistas, o propias de etapas pioneras de las series de vegetación de la zona.

— Son mejores las especies que tengan rapidez de germinación y de crecimiento, con alto poder tapizante, cespitosas o rizomatosas, con gran desarrollo radicular (mejor si éste es profundo) y de período vegetativo largo.

— Conviene que el tamaño, peso o volumen no sea demasiado grande, para evitar desprendimientos del terreno en pendientes fuertes.

— Deben ser especies cuyas semillas se encuentren en el mercado en cantidad y precio adecuados.

Las especies más utilizadas para las mezclas de hidrosiembra son:

Festuca arundinacea	*Lotus corniculatus*
Festuca rubra	*Trifolium repens*
Festuca ovina	*Trifolium pratense*
Phleum pratense	*Medicago sativa*
Agropyrum repens	*Onobrychis viciifolia*
Poa pratensis	*Melilotus officinalis*
Bromus squarrosus	*Daucus carota*
Dactylis glomerata	*Sanguisorba* sp.
Lolium perenne	

A veces se añade a la mezcla de semillas de herbáceas algunas semillas de especies arbustivas, como *Rosa, Rubus, Genista, Cistus, Cornus*, etc., o incluso de árboles, como *Pinus* o *Quercus*. Estas semillas de leñosas pueden germinar algún tiempo después, cuando el terreno ya esté colonizado por las herbáceas; así se favorecería el progreso de la serie de vegetación potencial hacia comunidades de matorral, más evolucionadas que los pastos de herbáceas.

• **Otros**. En ocasiones, cuando se prevé que el terreno va a ser realmente difícil de colonizar, se puede poner una estructura en forma de malla recubriendo el terreno. Hay mallas de tipos muy diversos, pero, en general, son de estructura tridimensional y su misión es facilitar la sujeción del terreno (habitualmente taludes con gran pendiente), permitir la fijación de un aporte adicional de suelo o bien facilitar la fijación de la hidrosiembra. Algunos modelos de malla llevan en su interior parte de la mezcla de hidrosiembra. Como las mallas son muy caras, sólo se emplean en puntos realmente conflictivos.

También, en ocasiones, se añade a la mezcla alguna sustancia que actúe como acondicionador del suelo, para mejorar la textura; por ejemplo, se añaden arenas a suelos que sean muy arcillosos, o diversos silicatos o aceites. Los acondicionadores son también muy caros, por lo que su empleo no es muy frecuente.

Por otra parte, hay casas comerciales que suministran sus propias mezclas para hidrosiembra y que, lógicamente, no comunican demasiados datos acerca de ellas. Algunos de estos métodos comerciales incluyen en la mezcla de hidrosiembra colonias bacterianas o micelio fúngico, que aportan materia orgánica y fertilidad al suelo.

Ejemplo de elementos concretos de una hidrosiembra

Los tipos y cantidades de mulch, semillas, abonos y estabilizadores, así como la cantidad de mezcla a sembrar por unidad de superficie, se suelen indicar en cada proyecto de revegetación de forma concreta, pues, según las características de la zona a tratar, los elementos adecuados pueden ser muy distintos.

Sólo a modo de ejemplo, presentamos los datos correspondientes al proyecto de revegetación de una carretera situada al sur de Navarra en su apartado de hidrosiembra:

— **Mezcla para la primera pasada**:

Semillas	30 gr/m^2
Otras semillas	6 gr/m^2
Mulch	60 gr/m^2
Abonos	60 gr/m^2
Estabilizador	20 gr/m^2
Agua	1 litro/m^2

— **Mezcla para la segunda pasada**:

Mulch	20 gr/m^2
Estabilizador	10 gr/m^2
Agua	1 litro/m^2

— **Mulch**: celulosa de fibra larga de pasta mecánica de pino

— **Abonos**: mineral complejo NPK 15:15:15, con adición de oligoelementos

— **Estabilizador**: Curasol o similar (acetato de vinilo)

— **Semillas**:

Festuca rubra	15%	*Lolium rigidum*	10%
Festuca ovina var. *duriuscula*	15%	*Lolium perenne*	5%
Brachypodium retusum	10%	*Agrostis tenuis*	5%
Agropyrum repens	10%	*Medicago sativa* «Aragón»	15%
Lolium multiflorum	10%	*Lotus corniculatus*	5%

— **Otras semillas**: Se añadirán 6 gr/m^2, a partes iguales, de las siguientes especies:

Atriplex halimus	*Artemisia herba-alba*
Gypsophila hispanica	*Pinus halepensis*

IMPLANTACIÓN DE LEÑOSAS

Muy a menudo, al hablar de la implantación de especies leñosas, se sobreentiende que se está hablando de forestación, reforestación, repoblación forestal, u otros términos, que, aun significando hechos diferentes, se emplean como sinónimos. Aceptando este uso del término repoblación forestal, ésta se puede definir como un conjunto de técnicas destinadas a crear una masa forestal formada por especies leñosas, bien arbóreas, bien arbustivas.

La implantación de leñosas puede tener distintas finalidades, que conviene tener en cuenta desde el principio, pues en función de ellas la revegetación se hará de distintas maneras, con distintas especies:

— Repoblación forestal para restauración y creación de ecosistemas forestales permanentes en terrenos abandonados, zonas deforestadas por ganadería, sometidas a erosión, etc.

— Plantaciones para producción de madera o de frutos, o de corteza, o de trufa, etc.

— Plantaciones como tratamiento corrector de impactos producidos por obras y actividades diversas en superficies de área generalmente pequeña.

— Repoblaciones como tratamiento estético-paisajístico, recreativo (fines cinegéticos, turismo verde) o naturalistas-científicos (conservación de endemismos o especies en peligro de extinción).

Bien es verdad que, de hecho, una misma masa puede cumplir varias finalidades; por ejemplo, una plantación de pinos puede proteger el suelo de la erosión, puede servir como espacio recreativo y puede generar aprovechamiento de su madera.

Naturalmente, la finalidad que se le vaya a dar a la masa leñosa será un factor importante a la hora de elegir las especies a implantar. Por ejemplo, si se quiere reconstruir bosques arbolados permanentes, habrá que elegir especies propias de las comunidades clímax, o, si no es posible la instalación directa de la clímax, habrá que elegir especies propias de comunidades de la serie de vegetación de la zona. En cambio, si lo que interesa es la producción de madera, habrá que elegir especies del crecimiento deseado y capaces de producir el material que se quiere explotar. Siempre habrá que tener en cuenta que lo que se plante y cómo se plante garantice la protección contra la erosión y la degradación del suelo, además de no causar afecciones negativas al paisaje ni a la flora y fauna locales (atención especial a la posibilidad de que las especies introducidas sean vectores de plagas o enfermedades).

También el número de especies diferentes a implantar puede ser distinto según la finalidad: si lo que se desea es el aprovechamiento de la madera, lo mejor es introducir sólo una especie; si lo que interesa es reconstruir formaciones boscosas maduras o proteger el suelo, puede ser más adecuado utilizar dos o más especies, pues las masas mixtas son siempre más resistentes a plagas, enfermedades e incendios y, además, se favorecen unas a otras por darse sombra o cualquier otro tipo de protección.

Por supuesto, además de la finalidad de la repoblación, para la elección de especies hay que tener en cuenta todas las características del medio: clima, edafología, geología, topografía, vegetación potencial, etc.

Una vez se ha elegido la o las especies que se van a utilizar, su implantación puede hacerse por dos métodos distintos: siembra o plantación. La elección del método está en función de varias circunstancias, que harán más idóneo uno u otro método:

— **Tipo de terreno**: si el terreno es rico, de poca pendiente, con suelos capaces de retener la humedad, puede ser mejor la siembra. En cambio, en suelos pobres o con topografía tortuosa, sembrar puede ser arriesgado.
— **Tipo de especie elegida**: si la especie es propia de la vegetación circundante o potencial, tiene sus primeros estadios de desarrollo resistentes a fuerte iluminación, es de crecimiento rápido, y además es fácil encontrar semilla en cantidades grandes y a precios moderados, y el porcentaje de germinación es alto, será mejor sembrar.
— **Fauna de la zona**: si hay animales como roedores, insectos o aves, que comen semillas o plántulas, será más adecuada la plantación, porque, si se siembra, la fauna del lugar comería las semillas, comprometiendo el éxito de la repoblación. Además, si hay ganadería, hay que proteger la siembra acotando la zona durante más tiempo que cuando se hace plantación.
— **Aspectos económicos**: la ejecución de la siembra es, por regla general, más barata que la de la plantación, porque requiere menos mano de obra. Sin embargo, el precio de la semilla, debido a las grandes cantidades que se requieren, puede resultar prohibitivo y, por tanto, inadecuado. En cuanto a cuidados posteriores, como por siembra se obtiene mayor densidad de plantas, es posible que se necesiten mayores cuidados culturales posteriores en el caso de siembra que en el de plantación, lo cual encarecería la siembra.
— **Tiempo**: por lo general las plantaciones adquieren altura en menos tiempo, porque se aportan al terreno plantas ya crecidas; puede interesar hacer plantaciones si es urgente tener plantas crecidas. Sin embargo, hay que tener en cuenta que al final, con el paso de los años, la altura de los ejemplares vegetales es la misma tanto si fueron sembrados como si fueron plantados.

Así pues, vemos que cada método, siembra y plantación, tienen sus ventajas y sus inconvenientes y que su elección depende de muchos factores. Incluso, es posible que en algunos casos de implantaciones mixtas sea lo mejor utilizar plantación para unas especies y siembra para otras.

Fases de la implantación de leñosas

Sea cual sea el método elegido, la implantación de leñosas tiene que hacerse según la siguiente secuencia de actuaciones:

1.º Desbroce del terreno
2.º Preparación del suelo
3.º Plantación o siembra
4.º Cuidados posteriores

Desbroce del terreno

Se llama desbroce al conjunto de tratamientos que se aplican a la vegetación actual e indeseada que exista en la zona a repoblar. Su finalidad es, por una parte, disminuir o eliminar la competencia de las plantas espontáneas frente a las que se incorporen (competencia por los nutrientes, la luz, el espacio, la humedad, etc.) y por otra, facilitar o posibilitar la preparación del suelo y el laboreo posterior a la implantación.

En la Tabla 7.1, tomada de Barbero *et al.* (1994), se resumen las principales formas de desbrozar cualquier terreno, según una serie de criterios y considerando diversos factores condicionantes de la actuación.

Criterio	**Procedimiento**	**Definición**	**Factores a considerar**
Por el espacio afectado	Total	Eliminar todas las especies presentes	Cuando no existen especies a conservar o peligro de erosión
	Selectivo	Respetar algunas de especies presentes	Cuando existen especies que se deban conservar o hay riesgo de erosión
Por la extensión superficial	A hecho	Afecta a toda la superficie	Si no existe riesgo de erosión y fuerte competencia
	En fajas	Según curvas de nivel	Si existe riesgo de erosión y media competencia
	Por casillas o puntos	Huecos cuadrados o circulares de 1 a 4 m^2	Si existe riesgo de erosión y débil competencia
Por la forma de ejecución	Manual	Con herramientas de corte o mecánicas portátiles	Pedregosidad y pendiente altas; mano de obra barata; espesura baja
	Mecanizado	Con un tractor provisto de aperos	Pedregosidad y pendiente bajas; espesura alta
	Combinado	Simultáneo a la preparación del suelo	Vegetación herbácea o poco lignificada
Por la forma de afectar al matorral	Roza	Se deja la cepa enterrada	Especies que no brotan de cepa o raíz
	Arranque	Se extrae la cepa	Especies que brotan de cepa o raíz

Tabla 7.1: *Formas de realizar desbroces* (Según Barbero *et al.*, 1994).

Preparación del suelo

Se llama preparación del suelo al conjunto de acciones que hay que realizar para después poder alojar la planta o su semilla en el suelo, facilitar su arraigo y sus primeras fases de desarrollo. La preparación del suelo tiende a conseguir:

— mejorar la retención de agua, por mullido del suelo y por modificaciones de la superficie, que pueden hacerse tanto por encima del nivel del suelo, en forma de montículos, caballones o albitanas, como por debajo del nivel del suelo, mediante hoyos, casillas, banquetas o subsolados

— facilitar el desarrollo de las raíces, el aporte y la absorción de nutrientes.

En la Tabla 7.2, también tomada de Barbero *et al.* (1994), figuran algunos de los procedimientos para preparar el suelo y los factores que hay que tener en cuenta para elegir uno u otro.

Criterio	**Procedimiento**	**Factores a considerar**
Por el espacio afectado	Puntual	Efecto hidrológico indiferente; débil efecto paisajístico
	Lineal	Efecto hidrológico positivo; efecto paisajístico patente
	A hecho	Efecto hidrológico variable. Necesario en las siembras a voleo
Por la forma de ejecución	Manual	Elevado costo en grandes superficies. Inviable en suelos con capas muy compactas o pedregosas
	Mecanizada	En pendientes elevadas necesita medios especiales
Por la profundidad	Baja (0 a 20 cm)	Apto para siembras. Planta con sistema radical corto. Sequía estival baja
	Media (20 a 40 cm)	Planta con sistema radical medio. Sequía estival moderada
	Alta (40 a 60 cm)	Planta con sistema radical largo. Planta a raíz desnuda. Sequía estival alta

Tabla 7.2: *Formas de realizar preparaciones del suelo.* (Según Barbero *et al.*, 1994).

Describiremos a continuación algunos de los procedimientos para modificar la superficie del suelo, como manera de prepararlo.

• **Hoyos**: son agujeros en la superficie del suelo. Se pueden hacer de forma manual, generalmente de un tamaño de 40 x 40 x 40 cm (Fig. 7.2 A), o de forma mecánica, con distintos aparatos y medidas, por ejemplo con barrena helicoidal, hasta 1,3 m de profundidad y 20-50 cm de diámetro, o con picos mecánicos. La tierra queda acumulada a un lado para volver a cubrir el hoyo cuando se plante. El método mecánico es útil cuando se van a plantar plantones de más de un metro de longitud, porque los hoyos se hacen más fácilmente. También se suele emplear la barrena helicoidal en zonas de pendiente acusada, pues es más fácil trabajar con ella que con las herramientas manuales.

• **Casillas o raspas**: consisten en zonas donde se cava y remueve la tierra, pero no se extrae, o sea, no queda ni hueco ni acúmulo (Fig. 7.2 B); se suelen hacer manualmente.

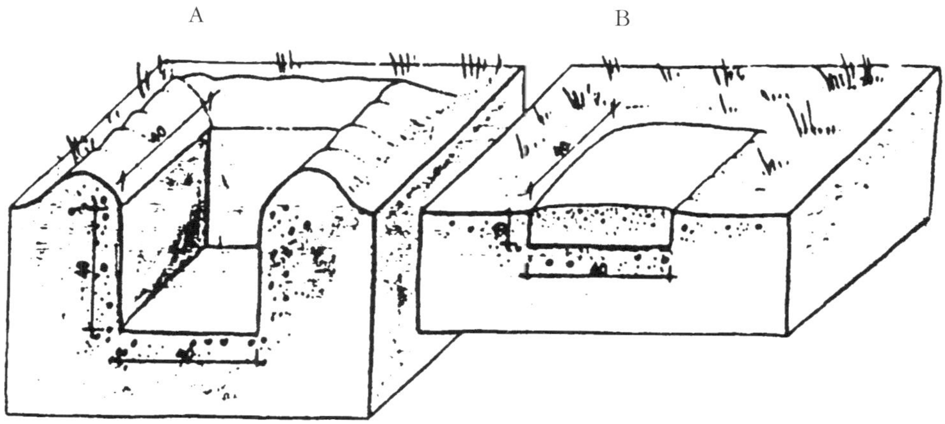

Fig. 7.2: *A, ahoyado manual; B, casillas someras* (Basado en Serrada, 1993).

• **Banquetas con microcuenca**: se hacen mecánicamente y son útiles para terrenos con cierta pendiente y con peligro de torrencialidad. La labor consiste en remover la tierra en un espacio prismático, pero la tierra removida no se extrae, sino que se dispone en forma de superficie plana o contrapendiente, para retener mejor la humedad y evitar la erosión (Fig. 7.3).

• **Subsolado**: consiste en hacer agujeros de 40-60 cm de profundidad, estrechos, a veces como simples cortes en la tierra, para mejorar la infiltración de agua. Es un tratamiento especialmente indicado para suelos con capas duras profundas o suelos calizos.

Fig. 7.3: *Esquema de una retroexcavadora y un operario haciendo banquetas con microcuenca* (Tomado de Serrada, 1993).

• **Caballones**: son lomos de tierra que se construyen siguiendo las curvas de nivel. Son lineales, mecanizados y de profundidad alta (cf. Tabla 7.2); si se combinan con subsolado da buenos resultados en cuanto a retención de agua, pero casi siempre provocan gran impacto paisajístico. Por su propia naturaleza, preparar el suelo mediante caballones queda limitado a terrenos con pendiente inferior a 35 %. Otros métodos de preparar el terreno modificando la superficie por encima del nivel del suelo son los montículos (que son acúmulos de tierra más o menos cónicos) y las albitanas (que son como los caballones, pero con la superficie superior plana). Estos elementos están esquematizados en la Fig. 7.4.

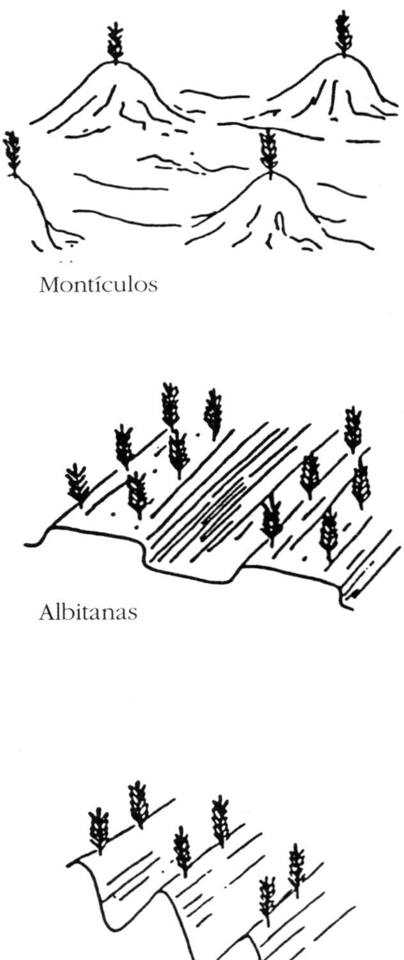

Fig. 7.4: *Montículos, albitanas y caballones* (Basado en Ramos, 1981).

Siembras o plantaciones

Si se ha elegido el método de siembra, ésta puede hacerse:

- — por puntos: el desbroce y la preparación del suelo es puntual, manual y por casillas, sembrando el número adecuado de semillas en los lugares afectados por el desbroce y la preparación;
- — a voleo: se hace la siembra por toda la superficie o en fajas. Para ello, naturalmente, se habrá desbrozado y preparado el suelo a hecho o en fajas respectivamente.

Si lo que se ha elegido es realizar plantaciones, hay que tener una serie de precauciones relativas a la época en que se van a realizar. Conviene hacerlas en la época de inactividad vegetativa, que, en nuestras latitudes, suele ser de noviembre a abril-mayo, pero teniendo en cuenta que no se deben plantar en días de heladas en aire o en suelo; es mejor plantar los vegetales cuando las raíces tienen crecimiento y adelantar todo lo que se pueda el momento de la plantación, para que cuando llegue el verano y pueda haber sequía, las raíces estén en el óptimo de desarrollo posible. Las coníferas no tienen crecimiento de raíces en invierno, por lo que da igual esperar a plantarlas en primavera, pero las frondosas sí que tienen crecimiento invernal de raíces, por lo que será mejor plantarlas tan pronto como sea posible.

La densidad y el marco de plantación, así como el diseño de plantación, depende en cierto modo del tipo de repoblación que se desee y de la pendiente del terreno.

Si el terreno es llano se puede plantar en cuadrado o marco real, en rectángulo o al tresbolillo (Fig. 7.5). Si el terreno tiene bastante pendiente se planta siguiendo las curvas de nivel, cuidando las distancias, tanto entre los árboles de una línea como entre las distintas líneas.

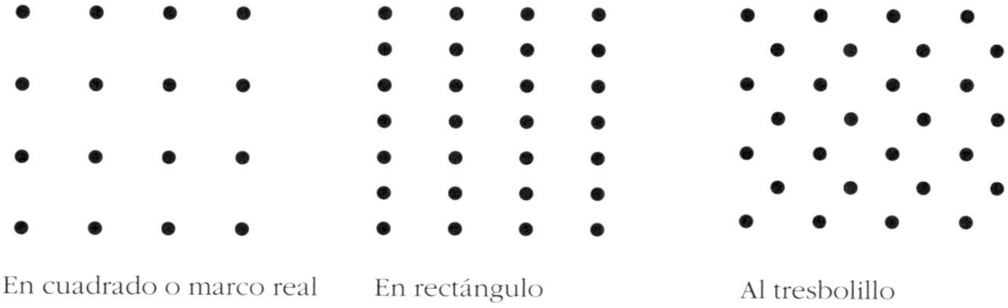

Fig. 7.5: *Diseño de plantaciones en cuadrado o marco real, en rectángulo y al tresbolillo.*

En cuanto a las densidades de plantación, suelen ser distintas según la finalidad de la repoblación. Pueden verse números indicativos de densidades de plantación en la Tabla 7.3.

Tipo de repoblación	Densidad (pies/Ha)
Repoblaciones protectoras	
Coníferas	2000-3000
Frondosas	400-1000
Mixtas	2000 coníf. marco 2 x 2 500 frond. intercaladas
Repoblaciones productoras	
Eucalyptus	1600 a 625
Pseudotsuga menziesii	1500 a 2000
Pinus radiata	2000 a 2200
Populus	287 a 400
Castanea sativa	625 a 1000
Fagus sylvatica, Quercus	alrededor de 1000
Pinus sylvestris, P. nigra	alrededor de 2000
Pinus pinaster, P. pinea	1000 a 2000
Pinus halepensis	alrededor de 1600

Tabla 7.3: *Densidad de plantación adecuada para algunas especies según el tipo de repoblación que se desee* (Tomado de Barbero *et al.*, 1994).

Otro aspecto que hay que tener en cuenta es la presentación de las plantas que se van a emplear en la plantación. La presentación puede ser:

— **a raíz desnuda**, es decir, con las raíces libres, sin estar recubiertas ni por tierra en cantidad ni por envases especiales. Son más baratas, pero también las más frágiles; deben ser transportadas del vivero al lugar de plantación protegidas, no deben quedar las raíces nunca ni al sol ni al aire, para evitar su desecación. Cuando se van a plantar en hoyos conviene que éstos se hayan hecho con 8-10 semanas de antelación, para que la tierra se meteorice y las raíces puedan prosperar con más facilidad.

— **en envase no recuperable:** las plantas se han hecho crecer en envases que se introducirán junto con la planta en el hoyo, o agujero, o lugar de plantación. Los más conocidos son los «paper-pot» (Fig. 7.6), que son de papel, pero los hay también de distinta composición.

— **en envase recuperable:** las plantas se han hecho crecer en envases de distintos tamaños de plástico rígido o semirígido, a modo de tiestos altos y estrechos, que se disponen en bandejas de distintas formas. Antes de plantar hay que extraer la planta del envase, lo cual suele resultar muy fácil, porque, si el envase estaba bien diseñado y las plantas han crecido en ellos correctamente, las raíces se habrán desarrollado ocupando todo el espacio del envase y el cepellón podrá salir deslizándose. Casi todos los envases de este tipo tienen la superficie rayada, acanalada o con surcos, precisamente para favorecer el desarrollo correcto de las raíces, tratando de evitar que se enrollen o dispongan de forma perjudicial para el posterior crecimiento de la planta.

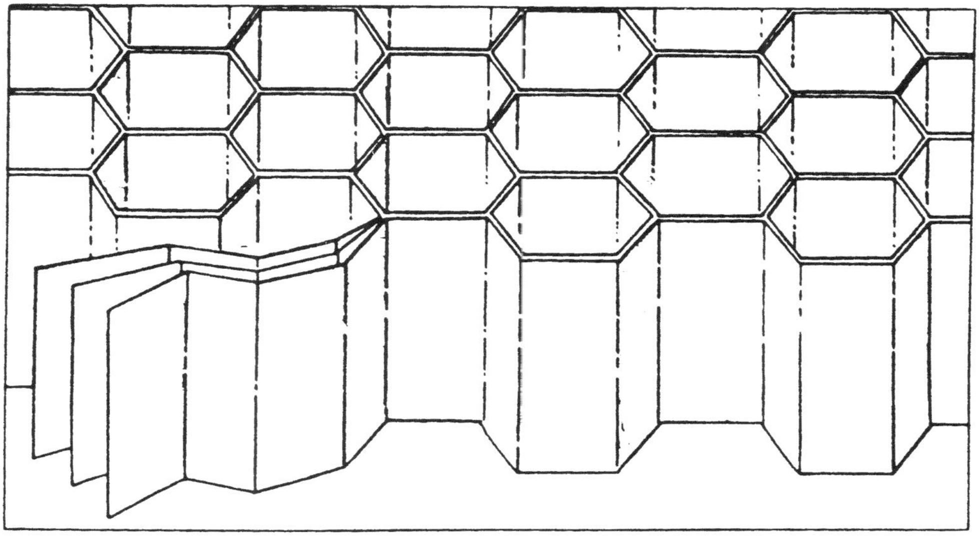

Fig. 7.6: *Aspecto de los envases no recuperables de tipo «paper-pot». En cada celdilla se hace crecer una sola planta y posteriormente, planta y envase juntos, se colocarán en el terreno* (Tomado de Barbero *et al.*, 1994).

— **en cepellón:** se dice que la presentación es en cepellón cuando las raíces de la planta están recubiertas por la tierra procedente del lugar donde creció. El cepellón protege las raíces, y hay que tener siempre cuidado para que no se rompa durante el traslado o el manejo de la planta.

En cuanto a la plantación en sí, puede hacerse a mano o a máquina.

Para hacerla a mano, se emplea la azada, con la que se hace una cata si la presentación de la planta es a raíz desnuda o con envase recuperable; si se van a utilizar plantas presentadas en paper-pot existen instrumentos que permiten hacer la plantación con facilidad y poco esfuerzo. En todos los casos el cepellón, si lo hay, debe colocarse de forma que quede a una profundidad de 2-5 cm; después se recubre el agujero y se pisa un poco alrededor para asentar la tierra y facilitar el anclaje de la planta.

Para hacer la plantación mecanizada se necesitan los tractores y aperos adecuados. Hay tractores que desbrozan, luego abren un surco expulsando la tierra y luego la vuelven a acumular, para acabar presionando el suelo. Generalmente un segundo operario (el primero es el que conduce el tractor) va colocando las plantas en el surco, mientras que un tercer operario va siguiendo a la plantadora para subsanar errores manualmente. El método se aplica tanto a plantas a raíz desnuda, como a plantas envasadas, si se hacen las modificaciones oportunas. Si los operarios son hábiles los rendimientos son superiores que si se hace la plantación a mano.

Cuidados posteriores

Están encaminados a favorecer el crecimiento de las especies que se han implantado y que, lógicamente, son las que interesan. Las labores a realizar son numerosas:

— Protección de los pies.

— Reposición de marras.

— Eliminación de herbáceas competidoras.

— Riegos.

— Podas.

— Control de plagas.

CONDICIONES

De la misma manera que en las hidrosiembras o siembras de leñosas se tienen que cumplir una serie de condiciones de calidad de las semillas, en las plantaciones, también las plantas tienen que tener un grado de calidad, que está regulado legalmente (Orden ministerial 3080/89); además, se tienen que cumplir las disposiciones del pliego de condiciones técnicas del proyecto.

Entre los defectos que pueden provocar el rechazo de una planta se encuentran, por ejemplo, el que tengan heridas no cicatrizadas, estén parcial o totalmente desecadas, tengan tallos deformados, carezcan de yema terminal bien formada, tengan raíces fuertemente enrolladas, o presenten síntomas de ataques por plagas o enfermedades.

ELABORACIÓN DE UN PROYECTO DE REVEGETACIÓN

Como cualquier proyecto técnico, un proyecto de revegetación estará siempre integrado por cuatro elementos: Memoria, Planos, Pliego de Condiciones y Presupuestos. Hay que tener en cuenta que normalmente la o las personas que ejecutan el proyecto casi nunca son las mismas que lo han elaborado. Por ello, es muy conveniente que el proyecto esté lo suficientemente detallado como para que pueda ejecutarse sin dudas ni titubeos.

• **Memoria**: describe en qué consiste el proyecto. Suele incluir como mínimo los siguientes apartados:

— Antecedentes, donde se explican los hechos que motivan el proyecto (obra, estado actual, etc.).

— Descripción de actuaciones, unidades de obra y justificación de las mismas, donde se detallan las actuaciones que se van a llevar a cabo, se fijan las unidades de obra y se justifica su necesidad.

— Plazo de ejecución, en donde se dan a conocer el momento en que se ha de ejecutar el proyecto y el tiempo que tardará su ejecución.

— Presupuesto de ejecución y contrata.

— Anejos, donde se incluyen tantos apartados como se considere oportuno, relacionados con todo tipo de datos o cálculos que hayan servido para redactar el proyecto:

* Datos climatológicos, fichas climatológicas, diagramas bioclimáticos, etc.

* Datos geológicos, edáficos (análisis de suelos), hidrológicos, litológicos, etc.

* Evaluación del impacto ambiental si es que se ha hecho (de la causa del proyecto de revegetación o, en ocasiones muy concretas, del propio proyecto de revegetación).

* Datos de flora y vegetación actual y potencial.

* Estudio de las especies vegetales a utilizar.

* Otros.

• **Planos**: sitúan el proyecto en el espacio. Generalmente se aportan planos a distintas escalas, para ir situando las actuaciones de forma cada vez más precisa:

— General de situación, a escala 1:25.000 o 1:50.000.

— Planta general, donde se detallan las actuaciones, a escala 1:200, 1:500, 1:1.000 o 1:2.000.

— Planos de detalle, de perfiles o de detalles del proyecto, a mayor escala para apreciar mejor los pequeños detalles que interese resaltar, a escala 1:50 a 1:200; a veces se representan elementos a escala 1:5.

— Otros, si es necesario, o de alguna forma añaden más información: fotografías, transparencias, etc.

• **Pliego de condiciones**: regula la ejecución del proyecto. Suele estructurarse en cuatro apartados:

— Generalidades, acerca de cómo, quién, cuando, se realizará el proyecto; quién será director de obra, qué responsabilidades tendrán los ejecutores del proyecto, etc.

— Condiciones que deben reunir los materiales (tierra vegetal, semillas, plantas, abonos, etc.), en el que se establecen los requisitos de calidad que deben cumplir todos los elementos.

— Unidades de obra, definición, medición y abono, describiendo en qué consiste cada unidad de obra, cómo deben medirse y como será su abono.

— Conservación y garantía.

• **Presupuesto**: detalla el presupuesto de ejecución del proyecto en sucesivas aproximaciones:

— Mediciones de las unidades de obra.

— Precios.

— Presupuestos: parciales, generales, de ejecución, de contrata (con gastos generales, tasas, beneficio industrial, etc.).

Para realizar cualquier proyecto de revegetación, además de tener unos ciertos conocimientos científicos y técnicos, es muy útil seguir unas pautas de actuación, que pueden determinarse por la contestación a sucesivas preguntas de este tipo:

— ¿Cuál es el motivo de tener que revegetar? (se ha hecho una carretera, se ha quemado un bosque...).

— ¿Por qué revegetar? (porque hay riesgo grave de erosión, porque se quiere hacer un parque...).

— ¿Qué se quiere conseguir? (corregir impactos negativos, obtener madera...).

— ¿Qué tipo de terrenos se van a revegetar? (taludes de desmonte o terraplén, explanadas, de pendiente variada, con o sin suelos, tramos abandonados de carretera...).

— ¿Qué características generales tiene la zona a revegetar? (qué había, qué se deteriorará, qué habría que reponer, qué se podría conseguir...).

— ¿Qué se puede hacer en cada terreno? (siembras, plantaciones, áreas de descanso, cortafuegos...).

— ¿Cómo hacerlo? (hidrosiembra, estaquillado, plantación de árboles a raíz desnuda...).

EJEMPLO DE PROYECTO DE REVEGETACIÓN

A continuación exponemos unos fragmentos de un proyecto de revegetación realizado como consecuencia de la necesidad de corregir o atenuar algunos impactos producidos por la construcción de una carretera nueva (Ederra, 1988). Después de hacer un estudio de impacto ambiental, se llegó a la conclusión de que los impactos más importantes que producía la obra y que requerían alguna medida correctora eran:

— Riesgo de erosión en taludes de desmonte y terraplén.

— Ocupación permanente de suelos; destrucción de la cubierta vegetal en el espacio ocupado por la carretera.

— Introducción de elementos nuevos en el paisaje.

— Ruido del tráfico generado por la nueva vía de comunicación.

Analizando las posibles medidas correctoras, se decidió que un tratamiento de revegetación en los taludes y en las franjas contiguas a los taludes podía servir para atenuar, o incluso corregir, prácticamente todos los impactos. Se proyectó hacer tratamientos de hidrosiembra y plantaciones de arbustos y árboles según las características de los distintos tramos de la obra; mediante la revegetación se trataba de conseguir los siguientes objetivos:

— Combatir de forma eficaz y natural el riesgo de erosión, fundamentalmente por las siembras en taludes de desmonte y terraplén.

— Crear un ambiente lo más parecido posible al clímax de la zona, mediante el empleo de especies propias del área, de forma que la obra se integre con facilidad en el entorno. Además, en los terraplenes suficientemente amplios, se podrá recrear ambientes forestales que no existían antes de hacer la obra, lo cual puede compensar en cierta medida la pérdida de vegetación en la capa de la carretera.

— Que la misma vegetación que se implante sirva de barrera acústica para atenuar los problemas de ruido. En este sentido, la creación de formaciones arbustivas y arbóreas en hilera son lo más efectivo.

— Dar al conjunto de la obra un aspecto final cuidadoso y agradable.

La mezcla que se recomendó para la hidrosiembra fue la siguiente:

— Agua: 1 litro/m^2

— Semillas: 30 gr/m^2

— Mulch: 60 gr/m^2

— Estabilizador: 30 gr/m^2

— Abono: 10 gr/m^2

La mezcla de semillas de herbáceas para la hidrosiembra era la siguiente:

Dactylis glomerata:	20%	*Phleum pratense*:	5%
Poa pratensis:	20%	*Medicago sativa*:	10%
Lolium perenne:	20%	*Trifolium pratense*:	5%
Festuca rubra:	5%	*Lotus corniculatus*:	5%
Festuca arundinacea:	10%		

En cuanto a las leñosas, se seleccionaron los siguientes árboles y arbustos:

Thymus vulgaris	*Quercus faginea*
Origanum vulgare	*Quercus rotundifolia*
Lavandula latifolia	*Populus nigra*
Buxus sempervirens	*Populus alba*
Crataegus monogyna	*Pinus nigra* subsp. *laricio*

Todas las especies recomendadas se encuentran en comunidades naturales de la zona; el pino laricio se encuentra repoblando algunas laderas próximas.

Las actuaciones tipo consistieron en extensiones de tierra vegetal en taludes de terraplén, hidrosiembra en todos los taludes y plantaciones de arbustos y árboles en terraplenes y en las franjas contiguas a los taludes.

A continuación, a modo de ejemplo, transcribimos una parte de los detalles de actuación; la Fig. 7.7 es un fragmento del mapa de detalle de estas actuaciones, y la Fig. 7.8 incluye perfiles y plantas de actuaciones a escala grande.

Detalle de actuaciones:

— Zona 1 (pk 0+120 al pk 0+232)

- Desmonte

  Longitud: 112 m
  Superficie: 260 m^2
  Actuaciones:
  - Hidrosiembra en 260 m^2

- Franja contigua

  Superficie: 560 m^2
  Actuaciones:
  - Plantación en hilera de 22 árboles de *Populus alba*, 1 cada 5 m, a 1,5 m de cabeza de desmonte
  - Plantación de 50 plantas de tomillo, 32 de lavanda y 30 de orégano (1 cada m) sin guardar uniformidad, entre los álamos y la cabeza de desmonte

— Zona 2 (pk 0+232 al pk 0+390)

- Terraplén

  Longitud: 158 m
  Superficie: 929,75 m^2
  Actuaciones:
  - Extendido de 185,95 m^3 de tierra vegetal
  - Hidrosiembra en 929,75 m^2
  - Plantación de 60 árboles de *Pinus nigra laricio* y 40 de *Quercus rotundifolia* (aproximadamente 1 cada 9 m^2) formando 5 rodales de cada especie, de 20 árboles cada uno. Plantación de 200 plantas de *Quercus faginea* entre los pinos y las carrascas. Plantación de 100 plantas de boj y 50 de *Crataegus* entre los pinos.

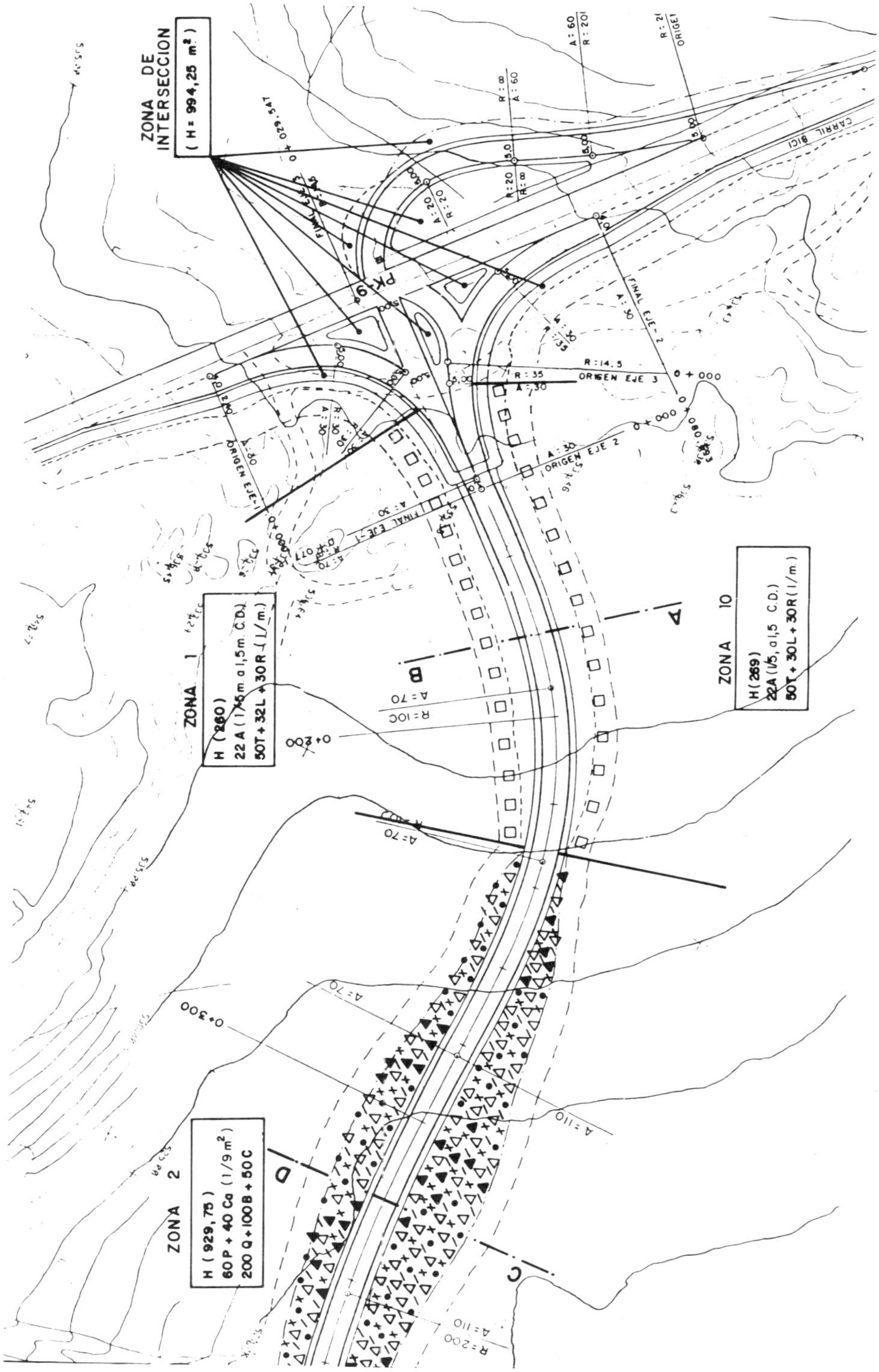

Fig. 7.7: *Fragmento del mapa de detalle de actuaciones; incluye las zonas 1 y 2, de las que se han descrito las actuaciones previstas. Están señaladas como líneas A-B y C-D los lugares elegidos para representar perfiles y plantas* (Tomado de Ederra, 1988).

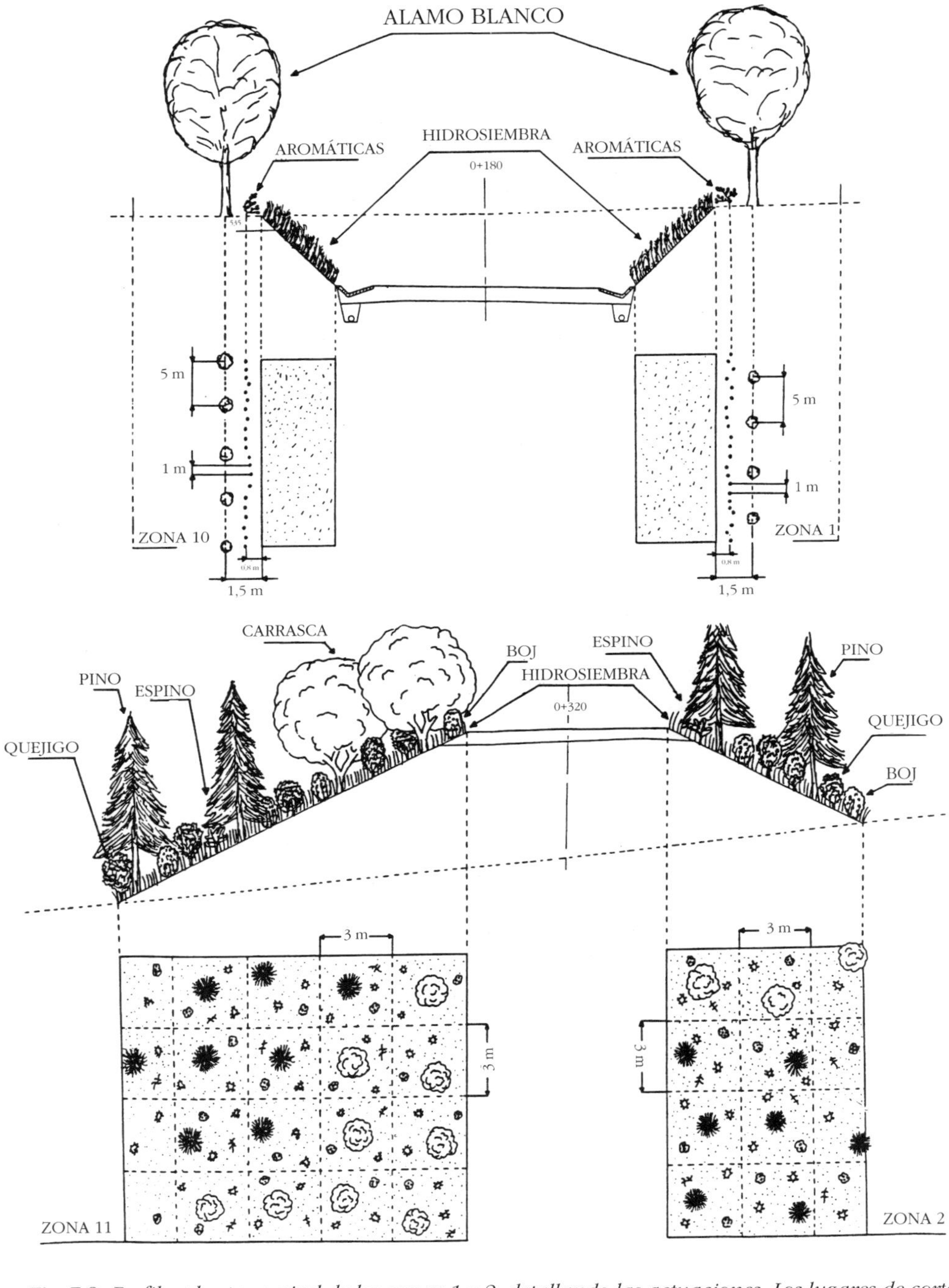

Fig. 7.8: *Perfil y planta, a nivel de las zonas 1 y 2, detallando las actuaciones. Los lugares de corte están señalados en la Fig. 7.7, como las líneas A-B y C-D* (Tomado de Ederra, 1988).

RECUPERACIÓN DE ESPACIOS ALTERADOS. ALGUNOS EJEMPLOS

Taludes de carreteras

Desde hace unos cuantos años, en Navarra se están haciendo investigaciones acerca del éxito que se obtiene en la aplicación de las técnicas de hidrosiembra y plantación en varios lugares de carreteras de Navarra (Ibáñez *et al.*, 1995). Las investigaciones se desarrollan mediante el análisis de muestras que se toman periódicamente en los lugares de estudio; se hacen muestreos cualitativos y cuantitativos de herbáceas y recuentos de árboles plantados, en taludes con distintos tratamientos, con distintas mezclas de hidrosiembra y con o sin mallas protectoras de distintos tipos. Los resultados obtenidos hasta el momento indican que no siempre los resultados son los que se deseaban; por ejemplo, algunas mallas se muestran totalmente ineficaces, algunas especies de herbáceas incluidas en alguna de las mezclas de hidrosiembra no llegan a germinar nunca, etc. De todas formas, esperamos obtener resultados más amplios y precisos en breve, después de hacer un análisis profundo de los datos que poseemos.

Incendios

Vista la incidencia que tienen los incendios en la vegetación, el suelo y todo el ecosistema en general, proponemos ahora referir algunos resultados obtenidos en investigaciones acerca de la recuperación post-incendio en medios forestales (Cavero *et al.*, 1995; Ederra *et al.*, 1996; Urdíroz, 1994; Urdíroz *et al.*, 1996).

Comenzamos en 1991 un estudio mediante el cual se pretendía averiguar el efecto de los incendios en medios forestales en la fauna, la flora, el suelo y la erosión, así como su recuperación posterior.

Se hicieron fuegos controlados de dos tipos: lento (o de suelo) y rápido (o de copas), en parcelas de 50 x 100 m en dos bosques, un carrascal de *Quercus ilex* subsp. *ballota*, como ejemplo de bosque mediterráneo, y un robledal de *Quercus robur*, como ejemplo de bosque atlántico. Antes de los incendios se estudió la flora y vegetación existente en cada bosque, para tener una idea del estado basal o punto de partida como referencia. En cada bosque quedó una parcela control sin quemar, también de 0,5 Ha, para completar los estudios previos a la quema.

En cada bosque y en cada tipo de fuego se ha ido estudiando mediante muestreos mensuales la evolución después de los incendios de la flora briofítica y de la flora vascular. Los briófitos son los primeros protectores del suelo y los vegetales vasculares son los que al final dan carácter a la vegetación, de ahí el interés de conocer la dinámica recuperatoria de ambos grupos.

Los muestreos se hicieron en cuadrados permanentes colocados estratégicamente en las zonas que interesaba, así como en áreas representativas más amplias. Se sometieron los cuadrados a distintos tratamientos: unos se colocaron en la parte alta de la zona quemada y otros en la parte baja; a unos se les añadió una capa de 2-3 cm de suelo no quemado procedente de los alrededores y a otros se les dejó tal cual habían quedado después de los fuegos.

Así se ha podido estudiar, durante 4 años, la recuperación post-incendio en función de varios factores:

— Tipo de bosque: mediterráneo o atlántico.

— Tipo de fuego: lento o rápido.

— Topografía: zonas superior o inferior de las parcelas.

— Inmisión o no de suelo no quemado.

— Tipo de flora: briófitos o vasculares.

Hemos obtenido un elevado número de datos, que están siendo analizados, sometidos a tratamientos estadísticos y que nos permitirán obtener conclusiones acerca de la influencia de todos los factores mencionados más arriba. No obstante, ya en estos momentos quedan claros algunos puntos, que en su mayor parte están de acuerdo con los de otros investigadores, como Trabaud (1987), y que podríamos resumir así:

— El restablecimiento de una comunidad vegetal similar, en cuanto a composición florística, a la que había antes del incendio es un fenómeno rápido.

— La estructura de la vegetación que se instala después del fuego comienza siendo sencilla, con dominancia de herbáceas; poco a poco se va complicando la estructura y van apareciendo más estratos.

— El restablecimiento de la vegetación post-incendio no es una sucesión secundaria sino una autosucesión de origen endógeno, pues todas las especies presentes antes del fuego aparecen después, aunque su abundancia cambie, porque dejan diásporas o estructuras de resistencia capaces de volver a regenerar las plantas.

— De las especies que aumentan su dominancia después de los fuegos, durante el restablecimiento de la vegetación madura, la mayoría sólo están presentes durante los primeros años después del fuego.

Un ejemplo de los datos que estamos tomando se aprecian en la Fig. 7.9, en la que se ven gráficas que representan como ha sido la evolución de la cobertura en los cuadrados permanentes en el bosque mediterráneo de Biurrun (Cavero *et al.*, 1995).

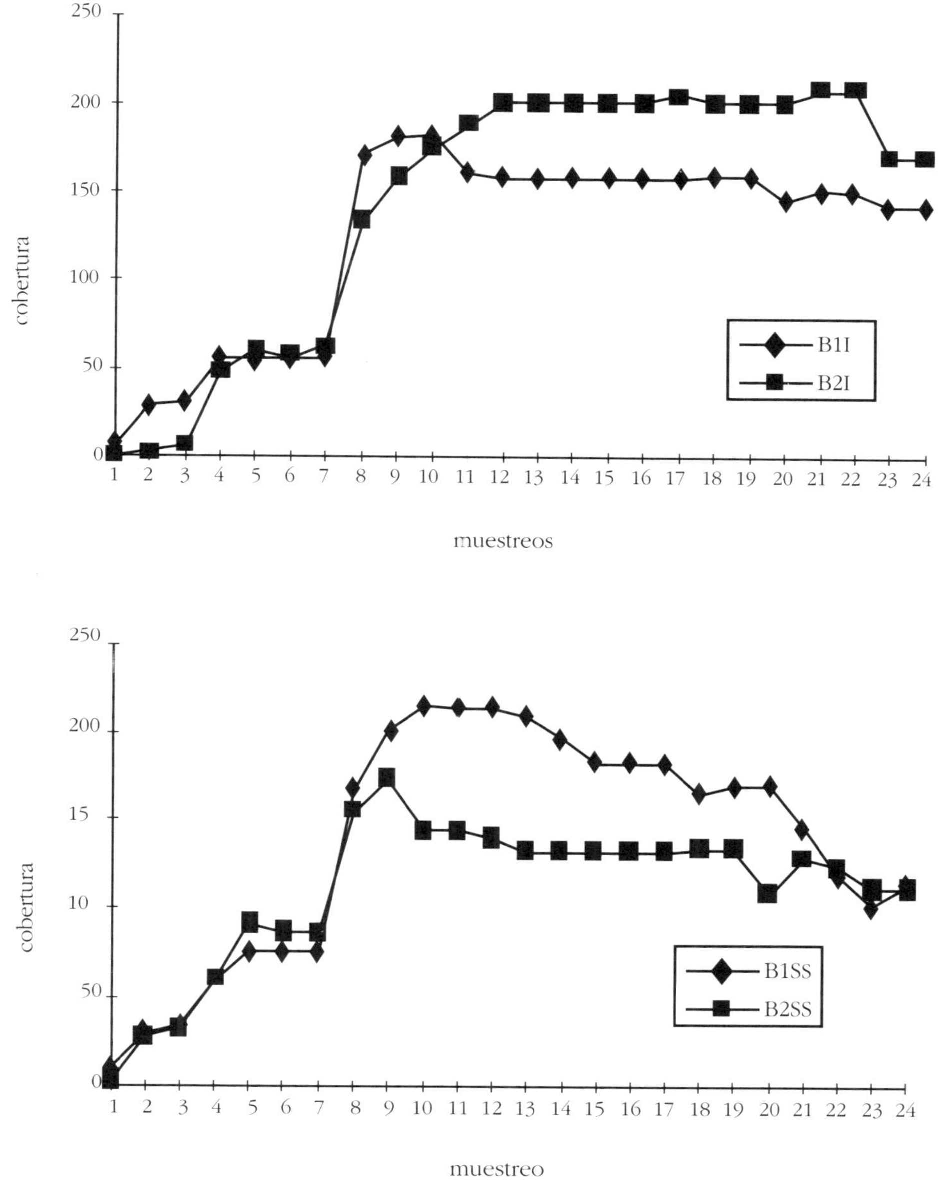

Fig. 7.9: *Evolución de la cobertura en los ocho cuadrados permanentes del carrascal de Biurrun, calculada a partir de los índices de abundancia-dominancia de las especies presentes en cada cuadrado. Puede apreciarse cómo en todos los cuadrados se alcanzó bastante pronto un máximo de cobertura, que se mantuvo durante un tiempo y que, actualmente, tiende a disminuir ligeramente.* (Basado en Cavero *et al.*, 1995). (Continúa en página siguiente).

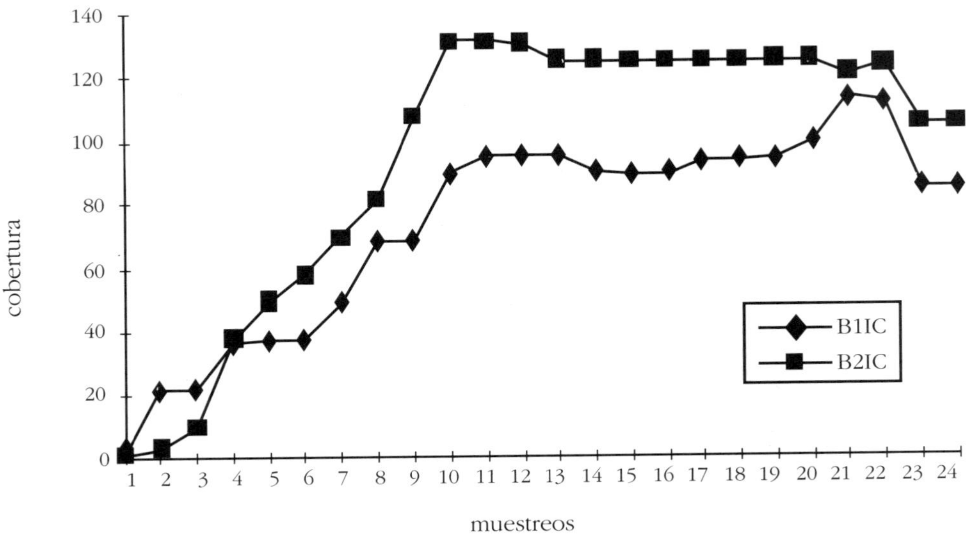

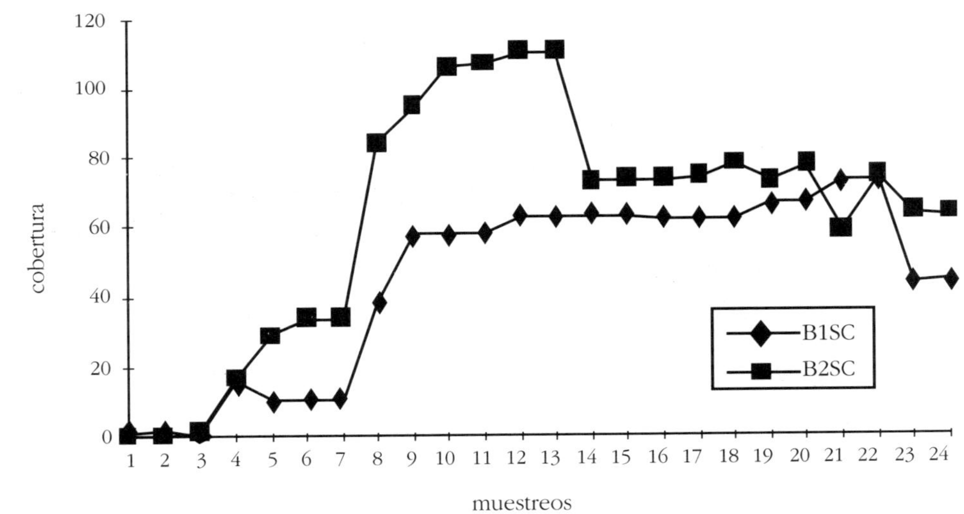

Fig. 7.9: (Viene de página anterior).

BIBLIOGRAFÍA

AIZPURU, I., BÁSCONES, J.C., CATALÁN, P. & URSÚA, C. (1990): Aproximación al catálogo de la flora amenazada de Navarra. *Botánica Pirenaico-Cantábrica*: 627-631.

AMAT, J.A., DÍAZ PANIAGUA, C., HERRERA, C.M., JORDANO, P., OBESO, J.R. & SORIGUER, R.C. (1985): *Criterios de valoración de zonas húmedas de importancia nacional y regional en función de las aves acuáticas*. Monografías n.º 35, ICONA.

APARICIO, A. (1993): Planes de recuperación de especies vegetales amenazadas en el parque natural de la sierra de Grazalema (Cádiz-Málaga). *Acta Bot. Malacitana*, 18: 199-221.

BARBARÁ, I., CREMADES, J. & PÉREZ-CIRERA, J.L. (1994): Carácter biogeográfico de la flora bentónica marina de la Ría de La Coruña. *Libro Resúmenes VIII Simp. Ibérico Bentos.*

BARBERO MARTÍN, A., GONZÁLEZ RODRÍGUEZ, F. & CATALÁN BACHILLER, G. (Eds.) (1994): Manual de Forestación en Tierras Agrícolas. M.A.P.A., Publicaciones del IRYDA.

BARGAGLI, R., IOSCO, F.P. & D'AMATO, M.L. (1987): Zonation of trace metal accumulation in three species of epiphytic lichens belonging to the genus *Parmelia*. *Cryptogamie, Bryol. Lichénol.*, 8(4): 331-337.

BARGAGLI, R., IOSCO, F.P. & D'AMATO, M.L. (1987 b): Assessment of mercury disposal in an abandoned mining area by soil and lichens. *Water, Air and Soil Pollution*, 36: 219-225.

BECKETT, P.J., BOILEAU, L.J.R., PADOVAN, D. & RICHARDSON, D.H.S. (1982): Lichens and mosses as monitors of industrial activity associated with uranium minig in Northern Ontario, Canada - Part 2: Distance dependent uranium and lead accumulation. *Environ. Pollut (Ser. B)*, 4: 91-107.

BERGER, J.J. (1990): *Environmental restoration. Science and strategies for restoring the earth.* Island Press.

BERIGAN, M.M. & MURRAY, D.A. (1994): The effects of algal and diatom blooms on the Rivers Blackwater and Boyne, Ireland. *Verh. Internat. Verein. Limnol.*, 25: 1897.

BOVER, M., COMAS, M.A. & MOYA, G. (1991): Colonización de estanques artificiales por algas, fitoplancton o fitobentos. *Com. IX Simp. Nac. Bot. Cript. Salamanca.*

BRODO, I.M. (1961): Transplant experiments with corticolous lichens using a new technique. *Ecology*, 42: 838-841.

BROWN, R.M., MCCLELLAND, N.I., DEINIGER, R.A. & O'CONNOR, M.F. (1972): A water quality index - crashing the psychological barrier. In Thomas, W.A. (Ed.): *Indicators of Environmental quality*: 173-182.

BUCKLEY, G.P. (1989): *Biological habitat reconstruction.* Belhaven Press.

BÜNAU, H., BRUHN, A., ARNDT, U. (1979): *Bioindikatoren zur Beurteilung von Schadstoffbelastungen der Umwelt.* Umweltforschungsplan der Bundesministers des Innern. Umweltbundesamt-Berlin.

CALVO ZAMORANO, R. (1989): Técnicas de restauración forestal. *Comunicaciones de las 1ª jornadas sobre Restauración del Medio Natural*: 61-73.

CAMBRA, J. (1991): Contribución al estudio de las algas epifíticas en sistemas lacustres españoles. *Com. IX Simp. Nac. Bot. Cript. Salamanca.*

CARBALLAL, R. & GARCÍA MOLARES, A. (1991): Valoración de la contaminación atmosférica por SO_2 en la zona de Ferrol-Fene (La Coruña) mediante líquenes epifitos. *Acta Bot. Malacitana*, 16(1): 197-206.

CATALÁN LAFUENTE, J. & CATALÁN ALONSO, J.M. (1987): *Ríos. Caracterización y calidad de sus aguas.* Ed. Dihidrox.

CAVERO, R.Y. & EDERRA, A. (1995): Vegetational regeneration after prescribed fires in a mediterranean forest of Navarra (Spain). *Vegetatio* (En prensa).

CIRUJANO BRACAMONTE, S., VELAYOS RODRÍGUEZ, M., CASTILLA LATTKE, F. & GIL PINILLA, M. (1992): *Criterios botánicos para la valoración de las lagunas y humedales españoles (Península Ibérica y las Islas Baleares).* ICONA.

COMAS, M.A., BOVER, M. & MOYA, G. (1991): Distribución geográfica de las comunidades algales en estanques artificiales de la Isla de Mallorca. *Com. IX Simp. Nac. Bot. Cript. Salamanca.*

CONESA FERNÁNDEZ-VITORA, V. (1993): *Guía metodológica para la evaluación del impacto ambiental.* Coed. Colegio oficial de ingenieros agrónomos de Levante y ediciones Mundi-Prensa.

COOK, S.E. (1976): Quest for an index of community structure sensitive to water pollution. *Env. Pollut.*, 11: 269-288.

CRESPO, A., BARRENO, E., SANCHO, L.G. & BUENO, A.G. (1981): Establecimiento de una red de valoración de pureza atmosférica en la provincia de La Coruña (España) mediante bioindicadores liquénicos. *Lazaroa*, 3: 289-311.

CRESPO, A. & BUENO, A.G. (1982): Valoración de áreas isocontaminadas en la Casa de Campo de Madrid mediante el análisis de bioindicadores (Líquenes epífitos). *Collect. Bot.*, 13(1): 279-294.

DE FILIPPIS, L.F. & PALLAGHY, C.K. (1994): Heavy Metals: Sources and Biological Effects. *Advances in Limnology*, 42: 31-77.

DE LA ROSA, J.C. & SÁNCHEZ CASTILLO, P.M. (1991): Estudio del fitoplancton de dos sistemas eutróficos de la provincia de Granada (España). *Com. IX Simp. Nac. Bot. Cript., Salamanca.*

DERUELLE, S. (1978): Étude comparée de la sensibilité de trois méthodes d'estimaion de la pollution atmosphérique, en utilisant les lichens comme indicateurs biologiques, dans la région de Mantes (Yvelines). *Rev. Bryol. Lichénol,* 44 (4): 429-441.

DERUELLE, S. (1988): Effets de la pollution atmospherique sur la vegetation lichenique des monuments historiques. *Studia Geobot.*, 8: 23-31.

DERUELLE, S. & GARCÍA-SCHAEFFER, F. (1983): Les lichens bioindicateurs de la pollution atmosphérique dans la région parisienne. *Cryptogamie, Bryol. Lichénol.*, 4(1): 47-64

DESCY, J.P. (1979): Utilización de las algas bénticas como indicadores biológicos de la calidad de las aguas corrientes. En Pesson, P.: *La contaminación de las aguas continentales*: 175-201.

DÍAZ ÁLVAREZ, M.C. (1988): *Agricultura y Medio Ambiente.* MOPU. Unidades Temáticas Ambientales.

EDERRA, A. (1988): Proyecto de revegetación de la carretera al centro de tratamiento de resíduos sólidos urbanos de Góngora. Manuscrito del autor.

EDERRA, A. (1989): Análisis de datos aplicado a la brioflora del Norte de Navarra (España). Ponencia en *VIII Simp. Nac. Bot. Cript., Melilla.*

EDERRA INDURAIN, A. & MIGUEL VELASCO, A.M. de (1988): Estudio de la afinidad entre hayedos y robledales de Navarra (España) mediante la aplicación del índice de Jaccard a su brioflora. *Actes Simp. Int. Bot. Pius Font i Quer*, I: 237-246.

EDERRA, A., URDÍROZ, A. & CAVERO, R.Y. (1996): Floristic richness evolution after controlled fires in two woods of Navarra (Spain). *Lagascalia* (en prensa).

ELLENBERG, H. (1994): *Los valores ecológicos de las plantas vasculares.* (Trad. H. Gunnemann; prólogo, comentarios y ejemplos M. Mayor). Servicio de Publicaciones de la Universidad de Oviedo.

ESCRIBANO BOMBÍN, M.M. (1991): *El paisaje.* MOPT. Unidades Temáticas Ambientales.

ESTÉVEZ, A. & ÁLVAREZ, M. (1984): Sucesión estacional de las algas en el río Manzanares. *Anal. Biol.*, 2 *(Sec. Esp. 2)*: 85-90.

ETAYO, J. (1989): *Líquenes epífitos del Norte de Navarra*. Tesis Doctoral, Universidad de Navarra.

ETAYO, J. & GÓMEZ-BOLEA, A. (1989): Líquenes y contaminación en Pamplona. *Príncipe de Viana, Supl. Ciencias*, 9: 167-195.

FARKAS, E., LÖKÖS, L. & VERSEGHY, K. (1985): Lichens as indicators of air pollution in the Budapest agglomeration. *Acta Bot. Hung.*, 31: 45-68.

FEIGE, G.B. (1982): Niedere Pflanzen - speziell Flechten - als Bioindicatoren. *Decheniana*, 26: 23-30.

FENTON, A.F. (1960): Lichens as indicators of the ecological conditions of the habitat. *Ann. Univ. Mariae Curie-Sklodowska Sect. C*, 1968: 131-164.

FIESTAS, J.A., PERDIGUERO, S., DÍAZ, A. & BORJA, R. (1989): Nuevas perspectivas en la depuración de aguas residuales urbanas. *Informes Técnicos*. Instituto de la grasa y sus derivados, Sevilla.

FILIP, D.S., PETERS, T., ADAMS, V.D. & MIDDLEBROOKS, E. J. (1979): Residual heavy metals removal by an algae-intermittent sand filtration system. *Water Res.*, 13: 305-313.

FLEISCHER, S. & STIBE, L. (1994): Decreasing nitrogen load on coastal waters. Interdisciplinary approach stresses the need for wetland restoration. *Verh. Internat. Verein. Limnol.*, 25: 1898-1900.

GAILEY, F.A.Y., SMITH, G.H., RINTOUL, L.J. & LLOYD, O.L. (1985): Metal deposition patterns in central Scotland as determined by lichen transplant. *Environ. Monitoring Assess.*, 5: 291-309.

GARCÍA, J., HERNÁNDEZ-MARINÉ, M., JOVE, J. & MUJERIEGO, R. (1994): Estudio de las poblaciones algales en lagunas de alta carga. *Stvdia Bot.*, 13: 65-68.

GARCÍA, M.P., VICENTE, E. & MIRACLE, M.R. (1984): Sucesión estacional del fitoplancton de la Albufera de Valencia. *Anal. Biol.*, 2 *(Sec. Esp. 2)*: 91-100.

GARTY, J. (1988): Comparisons between the metal content of a transplanted lichen before and after the start-up of a coal-fired power station in Israel. *Can. J. Bot.*, 66: 668-671.

GARTY, J. & THEISS, H. (1990): The localization of lead in the lichen *Ramalina duriaei* (De Not.) Bagl. *Bot. Acta*, 103: 311-314.

GENTER, R.B., CHERRY, D.S., SMITH, E.P. & CAIRNS, J.Jr. (1988): Algal-periphyton population and community changes from zinc stress in stream mesocosms. *Hidrobiologia*, 153: 261-276.

GIL, L. & PRADA, M.A. (1993): Los pinos como especies básicas de la restauración forestal en el medio mediterráneo. *Ecología*, 7: 113-125.

GIRALT, M., GÓMEZ-BOLEA, A. & LETROUIT-GALINOU, M.A. (1989): Estimation de la pollution atmosphérique du littoral du tarragonès (Catalogne, Espagne) en utilisant des lechens épiphytes comme bioindicateurs. *Cryptogamie, Bryol. Lichénol.*, 10 (2): 131-146.

GONZÁLEZ, J.M., ANSOLA, G. & LUIS, E. (1994): Heavy metals in four species of aquatic macrophytes in Esla River, León, Spain. *Verh. Internat. Verein. Limnol.*, 25: 2029-2031.

GONZÁLEZ MONTOTO, J.V. (1989): Las especificaciones de las revegetaciones en el proyecto de obra civil. *Comunicaciones de las 1ª jornadas sobre Restauración del Medio Natural*: 75-101.

GUERRA MONTES, J., ROS ESPÍN, R.M., DE LAS HERAS IBÁÑEZ, J., GARCÍA ZAMORA, P. & JIMÉNEZ MARTÍNEZ, N. (1989): *Estudio de la flora briofítica de la Sierra de Alcaraz (Albacete) como base para una evaluación fitobiológica del territorio.* Instituto de estudios albacetenses de la Excma. Diputación de Albacete. - C.S.I.C. - Confederación española de Centros de Estudios Locales.

HAWKSWORTH, D.L. & ROSE, F. (1970): Qualitative scale for estimating sulphur dioxide air pollution in England and Wales using epiphytic lichens. *Nature*, 227: 145-148.

HENDERSON-SELLERS, A. & SEAWARD, M.R.D. (1979): Monitoring lichens re-invasion of ameliorating environments. *Environ. Pollut.*, 19: 207-213.

HERNÁNDEZ BERMEJO, J.E. & CLEMENTE MUÑOZ, M. (1994): *Protección de la Flora en Andalucía.* Consejería de Cultura y Medio Ambiente. Junta de Andalucía.

HYNES, H.B.N. (1960): *The Biology of Polluted Waters.* Liverpool University Press.

IBÁÑEZ ARTICA, M. (1990): *Contribución al conocimiento de las poblaciones y comunidades intermareales y submareales de la Costa Vasca.* Tesis Doctoral. Universidad de Navarra.

IBÁÑEZ, R., LÓPEZ, F., EDERRA, A. & RODÉS, D. (1995): Hidrosiembras en taludes de carreteras: Éxito de la restauración a lo largo del tiempo. *Actas III Simp. Carreteras y Medio Ambiente.* (En prensa).

JÄGER, E.J. (1980): Indikation von Luftverunreinigungen durch morphometrische Untersuchungen an höheren Pflanzen. In: Schubert R. & Schuh J. (Eds.): Bioindikation auf der Ebene der Individuen. *Wiss. Beitr. der Martin Luther Univ. Halle-Wittenberg*, 26: 43-52.

JORDAN III, W.R., GILPIN, M.E. & ABER, J.D. (1987): *Restoration ecology. A synthetic approach to ecological research.* Cambridge University Press.

KELLER, Th. (1986): Die Inmissionsüberwachung bei einer Kehrichverbrennungs-Anlage mit Hilfe von Buchenlaub. *Umwetschutz/Gesundheitstecknik*, 3: 67-69.

KERSHAW, K.A. (1964): *Quantitative and Dynamic Plant Ecology*. London, Edward Arnold.

KLEMENT, O. (1966): Vom Flechtensterben im nördlichen Deutschland. *Ber. Naturhist. Ges.*, 110: 55-66.

KOVÁCS, M. (1992): *Biological indicators in environmental protection*. Ellis Horwood.

KOVÁCS, M. (1992): Lichens. In Kovács, M. (Ed.) *Biological indicators in environmental protection*: 43-64.

KOVÁCS, M. (1992): Trees as biological indicators. In Kovács, M. (Ed.) *Biological indicators in environmental protection*: 100-119.

KOVÁCS, M., NYÁRI I. & TÓTH L. (1984): The microelement content of some submerged and floating aquatic plants. *Acta Bot. Acad. Sci. Hung.*, 30: 173-185.

KRAL, R., KRYZOVA, L. & LISKA, J. (1989): Background concentrations of lead and cadmium in the lichen *Hypogymnia physodes*. *Sci. Total Environ.*, 84: 201-209.

LALIBERTÉ, G., PROULX, D., DE PAUW, N. & DE LA NOÜE, J. (1994): Algal Technology in Wastewater Treatment. *Advances in Limnology*, 42: 283-302.

LEBLANC, F. & DE SLOOVER, J. (1970): Relation between industrialization and the distribution and growth of epiphytic lichens and mosses in Montreal. *Can. J. Bot.*, 48: 1485-1496

LEBLANC, F., RAO, D.N. & COMEAU, G. (1972): Indices of atmospheric purity and fluoride pollution pattern in Arvida, Quebec. *Can. J. Bot.*, 50: 991-998.

LEBLANC, F. & RAO, D.N. (1975): Effects of air pollutants on Lichens and Bryophytes. In LeBlanc & Rao: *Responses of plants to air pollution*: 237-272.

LEROND, M. (1984): Utilisation des lichens pour la cartographie et le suivi de la pollution atmosphérique. *Bull. ecol.*, 15: 7-11.

LIEBMANN, H. (1962): *Handbuch des Frischwasser und Abwasserbiologie*. Gustav Fischer, Jena.

LOIDI, J. (1993): Phytosociology applied to nature conservation and land management. (Manuscrito del autor).

LÓPEZ RODRÍGUEZ, M.C. & PÉREZ-CIRERA, J.L. (1994 a): Aportación al conocimiento de la influencia de la contaminación industrial en *Fucus vesiculosus* y *Fucus spiralis* en el N.O. de la Península Ibérica. *Stvdia Bot.*, 13: 21-29.

LÓPEZ RODRÍGUEZ, M.C. & PÉREZ-CIRERA, J.L. (1994 b): Colonización y sucesión de la comunidad de *Fucus vesiculosus* en las cercanías de un complejo industrial. *Libro Resúmenes VIII Simp. Ibérico Bentos.*

M.A.P.A. (1994): *Manual de forestación en tierras agrícolas*. Ministerio de agricultura, pesca y alimentación.

MARGALEF, R. (1983): *Limnología*. Ed. Omega.

MARGALEF, R. (1986): *Ecología*. Ed. Omega.

MONTERO DE BURGOS, J.L. (1987): La regresión vegetal y la restauración vegetal. *Bol. Est. Central Ecol.*, v.16, nº 31: 5-22.

M.O.P.T. (1989): *Guías metodológicas para la elaboración de estudios de impacto ambiental. 3: Repoblaciones forestales*. Serie monografías. Secretaría de Estado para las Políticas del Agua y el Medio Ambiente.

M.O.P.T. (1992): *Manual de plantaciones en el entorno de la carretera*.

M.O.P.T.M.A. (1994): *Medio ambiente en España 1993*. Serie memorias. Dirección General de Política Ambiental.

MUDD, J.B. & KOZLOWSKI, T.T. (Eds.) (1975): *Responses of plants to air pollution*. Academic Press.

MUÑOZ, I. & PRAT, N. (1994): A comparison between different biological water quality indexes in the Llobregat Basin (NE Spain). *Verh. Internat. Verein. Limnol.*, 25: 1945-1949.

NAVES VIÑAS, F., PUJOL SOLANICH, J., ARGIMON DE VILARDAGA, X. & SAMPERE MONTLLÓ, L. (1992): *El árbol en jardinería y paisajismo. Guía de aplicación para España y países de clima mediterráneo y templado*. Ed. Omega, S.A.

NI LAMHNA, E., RICHARDSON, D.H.S., DOWDING, P. & NI GRAINNE, E. (1988): An Air Quality Survey of the Greater Dublin Area carried out by Second Level Students. Dublin: An Foras Forbartha.

NOGUEROL SEOANE, A. (1994): Sucesión algal en una charca de agua dulce del N.O. de España. *Stvdia Bot.*, 13: 69-73.

PANTLE, R. & BUCK, H. (1955): Die biologische Uberwachung der Gewässer und die Darstellung der Ergebnisse. *Gas. Wasserf.*, 96: 604.

PATRICK, R. (1954): Diatoms as an indication of river change. *Purdue Univ. Eng. Ext. Serv.*, 87: 325-336.

PEIRÓ ABRIL, G. (1993): *Protección de taludes por hidrosiembra*. Generalitat Valenciana, Conselleria d'agricultura y pesca.

PERKINS, D.F., MILLAR, R.D. & NEEP, P.E. (1980): Accumulation of airborne fluoride by lichens in the vicinity of an aluminium reduction plant. *Environ. Pollut. (Ser. A)*, 21: 155-168.

PESSON, P. (1979): *La contaminación de las aguas continentales*. Ediciones Mundi-Prensa.

PILEGAARD, K., RASMUSSEN, L. & GYDESEN, H. (1979): Atmospheric background deposition of heavy metals in Denmark monitored by epiphytic cryptogams. *J. Appl. Ecol.*, 16: 843-853.

PODANI, J. (1992): Biological indication at the community and ecosystem levels. In Kovács, M. (Ed.) *Biological indicators in environmental protection*: 19-34.

PODANI, J. (1992): Monitoring system. In Kovács, M. (Ed.) *Biological indicators in environmental protection*: 12-15.

PRESTON, F.W. (1948): The commonness and rarity of species. *Ecology*, 29: 254-283.

RAI, L.C., GAUR, J.P. & SOEDER, C.J. (1994): *Algae and water pollution*. In *Advances in Limnology*, 42. 304 pgs.

RAMOS, J.L. (1981): *Repoblaciones*. Serv. Publicaciones E.T.S.I.M. Madrid.

RAUNKIAER, C. (1934): *The Life Forms of Plants and Statistical Plant Geography*. Oxford University Press.

RICHARDSON, D.H.S. (1992): *Pollution monitoring with lichens*. Richmond Publishing Co. Ltd.

RICHARDSON, D.H.S. & NIEBOER, E. (1981): Lichens and pollution monitoring. *Endeavour (N. Ser.)*, 5: 127-133.

RICHARDSON, D.H.S. & NIEBOER, E. (1983): The uptake of nickel ions by lichen thalli of the genera *Umbilicaria* and *Peltigera*. *Lichenologist*, 15: 8-18.

RODÉS NAVARRO, D. (1991): Corrección de impactos ambientales: Revegetación. *Comunicaciones de las 2ª jornadas sobre Restauración del Medio Natural*: 109-144.

ROSE, C.I. (1976): Lichenological indicators of age and environmental continuity in woodlands. *Lichenology: Progress & Problems*, 8: 279-307.

ROSE, C.I. & HAWKSWORTH, D.L. (1981): Lichen recolonization in London's cleaner air. *Nature*, 289: 289-292.

RUENESS, J. (1973): Pollution effects on littoral algal communities in the inner Oslofjord, with special reference to *Ascophyllum nodosum*. *Helgol. Wiss. Meeres.*, 24: 446-454.

RYDZAK, J. (1969): Lichens as indicators of the ecological conditions of the habitat. *Ann. Univ. Mariae Curie-Sklodowska Sect. C 1968:* 131-164.

SAINZ DE LOS TERREROS GOÑI, M., GARCÍA DE JALÓN LASTRA, D. & MAYO RUSTARAZU, M. (1991): *Canalización y dragado de cauces: sus efectos y técnicas para la restauración del río y sus riberas*. Diputación Foral de Alava.

SALA, L., GARCÍA, J., MUJERIEGO, R. & HERNÁNDEZ-MARINÉ, M. (1994): Phytoplankton studies in hypertrophic lakes used for irrigation. *Verh. Internat. Verein. Limnol.*, 25: 1983-1988.

SÁNCHEZ CASTILLO, P.M., CRUZ-PIZARRO, L. & CARRILLO, P. (1989): Caracterización del fitoplancton de las lagunas de alta montaña de Sierra Nevada (Granada, España) en relación con las características físico-químicas del medio. *Limnética*, 5: 37-50.

SANTAMARÍA, J.M. (1993): Las plantas como indicadores biológicos. Manuscrito del autor.

SANZ, M.J. (1991): Efectos del SO_2 sobre la fotosíntesis, respiración y otros procesos metabólicos en líquenes. *Libro Resúmenes IX Simp. Nac. Bot. Criptogámica, Salamanca 1991.*

SANZ SÁ, J.M. (1985): *La contaminación atmosférica.* Unidades Temáticas Ambientales, Ministerio de Obras Públicas.

SCHOENBECK, H. & VAN HUT, H. (1971): Exposure of lichens for the recognition and the evaluation of air pollutants. In *Identification and Measurement of Environmental Pollutants.* Proceedings of the International Symposium, Otawa, Ontario, June 1971, pgs. 329-334.

SCHUMACKER, R. (1992): Endangered bryophytes in Europe: A critical approach. *Lejeunia, n.s.*, 139: 1-20.

SCHUTTE, J.A. (1977): Chromium in two corticolous lichens from Ohio and West Virginia. *Bryologist*, 80: 279-283.

SÉRGIO, C., CASAS, C., BRUGUÉS, M. & CROS, R.M. (1994): *Lista Vermelha dos Briófitos da Península Ibérica.* Instituto da conservaçao da Natureza. Museu, Laboratório e Jardim Botânico, Universidad de Lisboa.

SERRADA HIERRO, R. (1993): *Apuntes de repoblaciones forestales.* Fund. Conde Valle Salazar. E.U.I.T.F. Madrid.

SESMA, J. & LOIDI, J. (1993): Estudio de la vegetación de Monte Peña (Navarra) y su valoración paisajística. *Príncipe de Viana, Supl. Cienc.*, 13: 127 - 168.

SIGAL, L.L. & NASH III, Th.H. (1983): Lichen communities on conifers in Southern Californian mountains: an ecological survey relative to oxidant air pollution. *Ecology*, 64: 1343-1354.

SILVA PANDO, F.J. & ASCASO, C. (1982): Modificaciones ultraestructurales de líquenes epífitos transplantados a zonas urbanas de Madrid. *Collect. Bot.*, 13(1): 351-374.

SKYE, E. (1979): Lichens as biological indicators of air pollution. *Ann. Rev. Phytopathol.*, 17: 325-341.

SLÁDECKOKVÁ, A. (1994): The role of periphyton in waste treatment technology. *Verh. Internat. Verein Limnol.*, 25: 1929-1932.

SMITH, V.H. (1990): Phytoplankton responses to eutrophication in inland waters. In: *Introduction to Applied Phycology* (Ed. I. Akatsuka), pg. 231-249.

SPELLERBERG, I.F. (1993): *Monitoring ecological change.* Cambridge University Press.

STOCKER, H.S. & SEAGER, S.L. (1981): *Química ambiental: Contaminación del aire y del agua.* Ed. Blume Ecología.

STOLZENBERG, H.C. & DRAEGER, S. (1988): The macrophytic periphyton-algae in the severely metal-contaminated River Oker (eastern Lower Saxony) Braunshw. *Naturkdl. Schr.*, 3: 243-254.

STREBLE, H. & KRAUTER, D. (1987): *Atlas de los microorganismos de agua dulce.* Ed. Omega.

TAKAMURA, N., HATAKEYAMA, S. & SUGAYA, Y. (1990): Seasonal changes in species composition and production of periphyton in an urban river running through an abandoned copper minig region. *Jap. J. Limn.*, 51: 225-235.

TARAZONA LAFARGA, T., GONZÁLEZ BUENO, A. SALAS MUÑOZ, A. & CALVO HARO, R. (1994): Análisis del comportamiento de detectores físicos y biológicos de la contaminación atmosférica por metales pesados en el área industrial de Madrid. *Stvdia Bot.*, 13: 147-150.

TERRÓN ALFONSO, A. & DÍAZ GONZÁLEZ, T.E. (1985): Establecimiento de las zonas de isocontaminación en la zona de Ponferrada (León) mediante el empleo de bioindicadores liquénicos. *Act. VI Simp. Nac. Bot. Cript.*: 461-470.

TERRÓN ALFONSO, A. & BARRENO RODRÍGUEZ, E. (1994): Estimation of air pollution in the area of influence of the coal power station at La Robla (León, Northwest Spain) using epiphytic lichens as bioindicators. *Cryptogamie, Bryol. Lichénol.*, 15(2): 135-151.

TRABAUD, L. (1987): Dynamics after fire of sclerophyllous plant communities in the Mediterranean Basin. *Ecol. Medit.*, 13(4): 25-37.

TRABAUD, L. (1991): Le feu est-il un facteur de changement pour les systèmes écologiques du bassin méditerranéen? *Sécheresse, 2:* 163-174.

TRASS, H. (1973): Lichen sensitivity to the air pollution and index of poleotolerance (I.P.). *Fol. Crypt. Est.*, 3: 19-22.

TUTIN, T.G., HEYWOOD, V.H., BURGES, N.A., VALENTINE, D.H., WALTERS, S.M. & WEBB, D.A. (Eds.) (1964-1980): *Flora Europaea*. Cambridge University Press.

UBIERNA LEÓN, A., DE LA ROSA ALAMOS, J. & SÁNCHEZ CASTILLO, P. (1991): Estudio del fitobentos (epipelon) de varias lagunas de aguas mineralizadas del sur de España. *Com. IX Simp. Nac. Bot. Cript. Salamanca.*

U.I.C.N. (1978): *List of rare, threatened and endemic plants for the countries of Europe*. Morges.

U.I.C.N. (1981): *Cómo usar las categorías del libro rojo de datos de la U.I.C.N.*. Kew, Richmond.

URDÍROZ, A. & EDERRA, A. (1996): Estudio del impacto causado por los incendios en la brioflora de un robledal de Navarra (España). *Cryptogamie, Bryol. Lichénol.* (En prensa).

URDÍROZ ÁRIZ, A. (1994): *Estudio de la recuperación post-incendio de la brioflora de un robledal de* Quercus robur *L. de Leiza (Navarra, España)*. Tesis de Licenciatura, Universidad de Navarra.

VALLE ESTELCHE, J.A. (1981): *Contribución al conocimiento ficológico de la provincia de Santander.* Tesis de Licenciatura. Universidad de Navarra.

VALLE TENDERO, F. (1994): Modelos de restauración de la vegetación en el área del proyecto L.U.C.D.E.M.E. *Ponencia en XIV Jornadas Fitosoc., Bilbao*

VAN HALUWYN, C. & LEROND, M. (1988): Lichénosociologie et qualité de l'air: Protocole opératoire et limites. *Cryptogamie, Bryol. Lichénol.*, 9(4): 313-336.

VÁZQUEZ, V.M. (1985): *El bosque atlántico*. Colección Temas Monográficos. Ministerio de Obras Públicas

VON ARB, C. & BRUNOLD, C. (1990): Lichen physiology and air pollution. I. Physiological responses of in situ *Parmelia sulcata* among air pollution zones within Biel, Switzerland. *Can. J. Bot.*, 68: 35-42.

WILLIAMS, N.V. & DUSSART, G.B.J. (1976): A field course survey of three English river systems. *Journ. Biol. Education*, 10: 4-14.

CIENCIAS BIOLÓGICAS

CITOLOGÍA PRÁCTICA (3.ª ed.)
Jesús J. Vázquez y José López Díez del Corral

GUÍA DE LOS ANIMALES INVERTEBRADOS DE AGUA DULCE (agotado)
T. T. Macan

CLASIFICACIÓN DEL REINO ANIMAL (agotado)
Richard Freeman

FUNDAMENTOS DE QUÍMICA ORGÁNICA
Esteban Santiago y Félix Goñi

PLANTAS Y ANIMALES DE ESPAÑA Y EUROPA (3.ª ed.)
Harry Garms

ORGANOGRAFÍA CORMOFÍTICA DE ESPERMAFITAS (3.ª ed.)
María Luisa López

FUNDAMENTOS DE FISIOLOGÍA ANIMAL (agotado)
Edición coordinada por: Francisco Castejón, Arsenio Fraile y Francisco Ponz

VIDA MARINA (agotado)
David y Jennifer George

PRÁCTICAS DE FISIOLOGÍA VEGETAL (2.ª reimp.) (agotado)
M. Sánchez Díaz, P. Aparicio Tejo y J. I. Peña Calvo

MECANISMOS MOLECULARES DE LA REGULACIÓN ENZIMÁTICA (1.ª reimp.) (agotado)
Esteban Santiago y Natalia López

PRÁCTICAS DE BIOLOGÍA GENERAL (2.ª reimp.) (agotado)
M. Ortiz Santesteban, F. J. Sobrini Lacruz, F. Marzo Pérez y A. Vega Ortega

BIOLOGÍA GENERAL
Autores varios
I. Bioquímica, Citología e Histología (3.ª reimp.)
II. Taxonomía y Biología Funcional (3.ª reimp.) (agotado)
III. Reproducción, Embriología, Genética, Ecología y Evolución (3.ª reimp.) (agotado)

BOSQUEJO DE CLASIFICACIÓN DE PLANTAS
Sandra Holmes

INTRODUCCIÓN A LA BOTÁNICA (2.ª ed.)
Rita Yolanda Cavero y María Luisa López

BOTÁNICA AMBIENTAL APLICADA (2.ª ed.)
Alicia Ederra Induráin

BOTÁNICA PRÁCTICA
Rita Yolanda Cavero, Andrés Urdíroz y María Luisa López